"十三五"国家重点出版物出版规划项目

航空器飞行理论与实践丛书

飞行员航空救生与野外生存训练

Aviation Lifesaving and Field Survival Training for Pilots

叶昆鹏 钱勃 主编

国防工业出版社

·北京·

内 容 简 介

本书对飞行员航空救生与野外生存训练的理论基础、训练内容和实施方法进行了针对性的介绍。第1章以生存救生技能对飞行安全和航空发展的意义为切入点，引出生存救生训练对于飞行员的重要性。第2章讲述的野外急救对于飞行员而言是必须具备的技能。第3章介绍了野外遇险后的定向和联络呼救方法，为飞行员提供了在陌生地域脱险求生的技能。第4章对生存救生中所需的工具及其制备方法进行了详细阐述。第5章明确了野外生物侵袭防护和野外宿营等野外生存防护训练的方法。第6章介绍了如何在野外环境下尽快找到干净的水源，如何依靠大自然的馈赠补充能量，维持生存救生所必需的物质基础。第7章和第8章分别对水上自救与互救技能，以及高空缺氧环境训练进行了介绍。

本书可作为飞行院校相关专业的本科和研究生教材，也可作为航空机构飞行员及飞行教员的组训手册，同时可供航空爱好者阅读、参考。

图书在版编目(CIP)数据

飞行员航空救生与野外生存训练 / 叶昆鹏，钱勃主编. -- 北京：国防工业出版社，2024.11. -- (航空器飞行理论与实践丛书). -- ISBN 978-7-118-13519-0

Ⅰ. V244

中国国家版本馆 CIP 数据核字第 2024188Y8J 号

※

国防工业出版社出版发行
（北京市海淀区紫竹院南路23号　邮政编码100048）
三河市天利华印刷装订有限公司印刷
新华书店经售

*

开本 710×1000　1/16　印张 12½　字数 220 千字
2024年11月第1版第1次印刷　印数 1—1800 册　定价 88.00 元

（本书如有印装错误，我社负责调换）

国防书店：(010)88540777　　书店传真：(010)88540776
发行业务：(010)88540717　　发行传真：(010)88540762

《飞行员航空救生与野外生存训练》
编写人员名单

主　编：叶昆鹏　钱　勃
副主编：苑　飞　傅　益
参　编：王　向　孙生生　李　诚　刘丹星　郭　鹏
　　　　翟　琛　靳婉梅　赵兴成　陈　飞　张　强

前言

自莱特兄弟于1903年发明飞机之后,人类出行方式和商品的运输便被深刻改变了。人们通过飞机可以旅行,购买的商品可以通过飞机快速地运输,普通人可以通过培训考取私用飞行员驾照,圆梦长空……飞机从来没有像现在这样如此近距离地影响着我们的生活。但在享受航空飞行便利的同时,空难也随之相伴而来,虽然航空安全技术在不断发展,相关制度也在不断完善,但是飞行事故却无法完全避免。仅2023年,全球就发生了5起致死的航空飞行事故,共死亡98人,这还不包括小型飞机、军用飞机、货运飞机、直升机以及在武装冲突中被意外击落的民用飞机的事故。很多飞行事故都发生在偏僻的荒野或海上,即便飞机坠毁时能够幸免于难,但这种环境对于飞行员和乘客也是严酷的考验。如果飞行员和乘客掌握了航空救生与野外生存的方法,无异于抓住了"救命稻草"。当一个人遭遇意外时,如果掌握了生存救生技能,就有可能绝处逢生、化险为夷。

1971年,一架洛克希德L-188A型飞机在执飞利马到普卡尔帕的航班时,因雷暴而坠毁。这起空难共造成91人遇难,只有一名17岁的德国女孩朱利·安妮生还。事故发生的地点是热带丛林。由于她曾和父母同住在南美的一个研究站里,并学到许多在热带丛林里求生的宝贵知识,因此她知道在森林中如何觅食、如何躲避灾害、如何沿着河流行进到安全地带……朱利·安妮在热带丛林中生活了10天并跋涉约25km,最终得救。1981年9月,在南美洲的委内瑞拉,几名户外运动爱好者驾驶小型飞机飞往亚马孙原始森林,不幸的是,飞机出现故障,迫降在了丛林深处,最后只有一名叫莱莎的女子幸存了下来。这名女子热爱户外运动,平时积累了大量的野外生存技能,再加上她本身就是医生,在丛林中克服种种困难坚持了6天后,最终获救。1995年6月2日,在波黑上空美国F-16C战斗机,被塞族武装击落,飞行员奥格拉迪经历了艰险的6天后,最终被救援部队营救。这是在现代战争环境下,遇险飞行员航空救生与野外生存的一个典型的成功案例。这名飞行员幸存获救的一个重要原因,就是他在执行波黑

"禁飞区"飞行任务前,曾在华盛顿州斯波坎附近的费尔柴尔德空军基地参加过17天的生存训练,那里的自然环境同巴尔干半岛十分接近。他在受训期间学习的温带丛林环境下的航空救生与野外生存技能在此次遇险中都派上了用场。

这些典型事例生动地说明,无论是空难幸存的乘客还是专业军事飞行员,平时掌握和积累一定的航空救生与野外生存技能是十分重要的。因此,学习生存救生知识,有意识地开展这方面训练,对于保障生命安全,提高飞行员执行飞行任务的信心,具有重要的意义。本书第1章就对飞行员航空救生与野外生存训练的重要作用进行了深入分析,让读者真正理解开展飞行员生存救生训练的价值所在。

航空救生与野外生存训练涉及广泛,主要包括野外急救、野外联络呼救、野外定向、野外工具使用技能、野外生物侵袭防护、野外宿营、水与食物的获取、水上自救与互救技能训练、飞行员高空缺氧环境训练。这些是飞行员必须掌握的知识技能,也是本书第2章至第8章详细阐述的内容。每章都从器材、方法、训练等方面对相关技能进行了深入且细致的介绍。

本书来源于作者对前期研究成果、经验的整理和总结,对飞行员的生存救生有一定的参考价值,但是也不能生搬硬套,还需要具体问题具体分析。如果本书能对读者在生存救生方面提供一些帮助,那将是我们的荣幸。

由于编者水平所限,书中不当之处在所难免,敬请读者批评、指正。

编者
2023年10月

目录

第1章 飞行员航空救生与野外生存训练的重要作用 ……… 1

  1.1 飞行员航空救生与野外生存训练的意义 ……… 1
  1.2 飞行员航空救生与野外生存训练的基本原则 ……… 2
    1.2.1 注重安全原则 ……… 3
    1.2.2 科学操作原则 ……… 3
    1.2.3 时间控制原则 ……… 3
    1.2.4 全面协调原则 ……… 4
  1.3 飞行员航空救生与野外生存训练的主要内容 ……… 4
  1.4 训练系统在航空救生与野外生存训练中的应用 ……… 6

第2章 野外急救 ……… 8

  2.1 心肺复苏 ……… 8
    2.1.1 心肺复苏机制 ……… 8
    2.1.2 心肺复苏步骤 ……… 9
    2.1.3 心肺复苏有效和终止的指征 ……… 10
    2.1.4 心肺复苏注意事项 ……… 11
  2.2 止血 ……… 11
    2.2.1 卡式止血带法 ……… 11
    2.2.2 三角巾法(三角巾加压包扎止血) ……… 12
    2.2.3 绞棒加压法 ……… 13
    2.2.4 指压止血法 ……… 13
  2.3 包扎 ……… 15
    2.3.1 三角巾包扎法 ……… 15

2.3.2　就便器材包扎法 …………………………………… 22
　2.4　骨折固定 …………………………………………………… 22
　　　2.4.1　上肢骨折固定 ………………………………………… 23
　　　2.4.2　下肢骨折固定 ………………………………………… 25
　2.5　拉伤、扭伤与关节脱位 …………………………………… 27
　2.6　伤员搬运 …………………………………………………… 28
　　　2.6.1　担架的制备 …………………………………………… 28
　　　2.6.2　颈托的制备 …………………………………………… 28
　　　2.6.3　搬运方法 ……………………………………………… 28
　2.7　烧伤 ………………………………………………………… 30
　　　2.7.1　烧伤的原因 …………………………………………… 31
　　　2.7.2　伤情评估 ……………………………………………… 31
　　　2.7.3　急救方法 ……………………………………………… 32
　2.8　其他疾病的应急处理 ……………………………………… 32
　　　2.8.1　冻伤 …………………………………………………… 32
　　　2.8.2　中暑 …………………………………………………… 33
　　　2.8.3　食物中毒 ……………………………………………… 34
　　　2.8.4　发热 …………………………………………………… 34
　2.9　简易急救措施 ……………………………………………… 36
　2.10　心肺功能复苏教学模拟系统 ……………………………… 37

第3章　野外定向与联络呼救 …………………………………… 39

　3.1　野外定向 …………………………………………………… 39
　　　3.1.1　借助工具 ……………………………………………… 39
　　　3.1.2　地理景观 ……………………………………………… 47
　　　3.1.3　天文定向 ……………………………………………… 50
　　　3.1.4　星空定向教学模拟系统 ……………………………… 56
　3.2　联络呼救 …………………………………………………… 56
　　　3.2.1　制式装备 ……………………………………………… 57
　　　3.2.2　就地取材 ……………………………………………… 61

第4章　野外工具使用技能 ……………………………………… 67

　4.1　野外生火 …………………………………………………… 67

4.1.1　选择生火场地 ·· 67
　　4.1.2　生火地点的准备工作 ·· 68
　　4.1.3　火种与引火物 ·· 68
　　4.1.4　火床 ·· 69
　　4.1.5　刀具与火石碰撞点火 ·· 70
　　4.1.6　火犁 ·· 71
　　4.1.7　钻木取火 ·· 72
　　4.1.8　镁棒点火器 ·· 72
　　4.1.9　火堆 ·· 73
　　4.1.10　照明火 ··· 74
4.2　野外工具制备 ··· 75
　　4.2.1　切砍与挖掘工具的制备和使用 ·································· 75
　　4.2.2　投射工具的制备和使用 ······································ 80
　　4.2.3　携行工具的制备和使用 ······································ 83
4.3　绳索与结绳 ··· 86
　　4.3.1　绳索 ·· 86
　　4.3.2　结绳 ·· 91

第5章　野外防护技能 ··· 97

5.1　野外生物侵袭防护 ··· 97
　　5.1.1　山林地区生物侵袭防护 ······································ 97
　　5.1.2　海洋生物侵袭防护 ··· 110
5.2　野外宿营 ·· 113
　　5.2.1　宿营地的选择 ··· 113
　　5.2.2　宿营场所的搭建 ··· 114
　　5.2.3　舒适宿营 ··· 118
　　5.2.4　野外露营场所搭建训练平台 ································· 120

第6章　水与食物的获取 ·· 124

6.1　水的获取 ·· 124
　　6.1.1　寻找水源 ··· 125
　　6.1.2　取水方式 ··· 127
　　6.1.3　判断水质 ··· 128

	6.1.4	水的净化	130
	6.1.5	海水淡化	133
	6.1.6	其他补充水分的方法	134
	6.1.7	科学饮水	136
6.2	食物的获取		137
	6.2.1	植物类食物	137
	6.2.2	菌类食物	147
	6.2.3	动物类食物	149

第7章 水上自救与互救技能训练 159

- 7.1 水上自救互救基础能力 161
  - 7.1.1 熟练使用相关装备 162
  - 7.1.2 基本逃生技能 164
- 7.2 水下逃生 165
  - 7.2.1 水上遇险迫降前的准备 165
  - 7.2.2 着水阶段的准备 166
  - 7.2.3 入水阶段 167
  - 7.2.4 水下出舱阶段 169
  - 7.2.5 水下逃生训练 171
- 7.3 水上漂浮生存 174
  - 7.3.1 飞行员水上救生装备 174
  - 7.3.2 水下逃生后的生存方法 174
  - 7.3.3 水上漂浮生存训练 177
  - 7.3.4 水上获救训练 178
- 7.4 水下逃生训练系统 179
  - 7.4.1 水下逃生训练舱 179
  - 7.4.2 信息采集系统 181
  - 7.4.3 水上救生环境模拟系统 182

第8章 飞行员高空缺氧环境训练 183

- 8.1 海拔高度与含氧量的关系 183
- 8.2 高空缺氧的含义 184
- 8.3 高空缺氧对个体的影响 184

IX

8.4 飞行员高空低压缺氧训练的基本内容 ……………………………… 185
    8.4.1 地面缺氧体验训练 ……………………………… 185
    8.4.2 地面加压呼吸训练 ……………………………… 185
    8.4.3 过度换气训练 …………………………………… 186
8.5 飞行员高空低压缺氧训练的器材设施 ……………………………… 186
    8.5.1 飞行员抗荷缺氧能力检测仪 …………………… 186
    8.5.2 个体防护设备 …………………………………… 186
    8.5.3 其他设备 ………………………………………… 186
8.6 飞行员高空低压缺氧训练的主要方法 ……………………………… 187
    8.6.1 地面缺氧体验训练方法 ………………………… 187
    8.6.2 地面加压呼吸训练方法 ………………………… 187
    8.6.3 过度换气训练方法 ……………………………… 188

参考文献 ……………………………………………………………………… 190

第 1 章 飞行员航空救生与野外生存训练的重要作用

1.1 飞行员航空救生与野外生存训练的意义

　　航空救生是指在航空器无法使用时,航空器上的乘员(机组人员和乘客)逃离飞机、降落地面(或水面),在恶劣环境中生存、被营救的全过程。航空救生主要包括飞机救生和直升机救生。航空救生通常都是在野外环境中进行的,在无法得到及时的外部救援时,往往还需面临野外生存的考验。野外就是指与居民环境相对应的区域,即离居民点较远的地方,其更加强调环境的原始性和自然性。而野外生存就是指在离居民较远的区域(甚至在严寒、酷热、海上等极端环境中),通过自身或机组的努力,在缺少外部提供生命所赖以维持的物质的情况下进行生存和生活,不断地保持生命的健康。

　　我国幅员辽阔,地貌各异,当飞行员降落在荒无人烟的复杂区域后,其生存救生的成败不仅与环境恶劣程度、生存装备的好坏以及营救速度的快慢有关,而且与飞行员的生存意志、掌握生存知识与技能的程度密切相关,面对迫降过程中可能出现的如出血、骨折和休克等情况,飞行员要熟练地掌握航空急救的基础知识和技能,养成良好的职业素质,独立或者合作解决救生中遭遇的问题。因此,积极开展飞行员航空急救训练,通过理论知识讲授、操作演示和技能训练等形式对野外生物侵袭防护、野外联络呼救、野外急救、水上自救与互救、高空缺氧环境下的飞行、水和食物的获取、野外工具使用、结绳、野外露营、野外定向等方面进行教学与训练,使其掌握扎实的生存救生知识技能,锻炼生存意志,提高陌生地域、恶劣条件和复杂环境下的遇险求生、自救互救的能力。这些技能知识对挽救遇险飞行员生命、开展自救互救、鼓舞机组士气、规避职业风险具有非常重要的现实意义。

飞行员航空救生与野外生存训练最初是由各国军队在第二次世界大战后普遍开展的。以美国为例，美国空军作战人员在第二次世界大战中被击落或被迫坠机着陆后死亡率和被俘率较高。为了应对这一问题，美国战略空军司令部司令柯蒂斯·E. 李梅(Curtis E. LeMay)上将于1948年召开会议，研究讨论野外生存训练体制、内容、方法等问题，先后建立了陆上、水上、热带、丛林、极地等地区五所生存训练学校，陆上生存训练学校是基础教育学校，其余四所均为实战训练学校，目的在于训练和指导空军作战乘员如何在各种危险状况或环境下生存以及在被俘后如何逃脱。其他发达国家如日本、英国、俄罗斯、德国等也都设有这方面的学校，训练内容主要包括跳伞、弹射救生、个人救生装备使用、多种环境下的生存方式、自救与互救知识、心理训练、抗俘等，在完成基础理论知识学习后，将学员空投到有代表性的环境下，进行带战术背景的野外生存训练，以提高其野外生存能力。

日本航空自卫队非常重视飞行员在跳伞或迫降到海上后脱险和生存训练，通过室内教学、地面训练和海上实习等方法开展训练。在室内教学中主要讲解海上救生特点。地面训练包括海上一般生存方法，救生衣、耐水服、救生筏和救生艇的使用，求救联络物品的使用，海上可食动、植物及防鲨鱼等危险鱼类的一般知识，创伤、晕船、溺水等急救处置。海上实习在于学会穿戴救生衣、鞋、飞行服游泳。

随着人类航空事业的发展，航空已经遍布客货运输、旅游观光、应急救援、工农业生产等各个领域。民用航空飞行员的生存救生能力也日益受到各国航空主管部门和相关企业以及飞行人员的重视。很多国家的航空救援机构、民航公司和通航企业都会对飞行员开展系统的生存救生训练，产生着越来越大的社会效益和经济效益。

我国的飞行员航空救生与野外生存训练起步较晚。目前我国空军在南京设有搜救团；空军航空大学设有航空救生系，组织以跳伞救生为主的救生训练；海军航空兵学院也积极开展跳伞救生训练；陆军航空兵学院于2013年开设了相关训练课程。我军的飞行员生存救生训练在近年来取得了长足的进步与发展。国家交通运输部救助打捞局由于任务需要，配备有大型水下救生训练舱，负责开展较为专业的水上救生训练，大连海事大学、中国海洋石油集团有限公司也设有专业训练基地。但我国地方单位的生存救生训练大都偏重于飞行员的海上救生生存，陆地迫降后的生存救生训练比较缺乏。

1.2　飞行员航空救生与野外生存训练的基本原则

飞行员航空救生与野外生存训练必须按照一定的原则开展，由于其训练的特殊性以及实施主体——飞行员不同于其他生存救生训练的主体,因而在具体实施过程中会面临各种各样的难点,如果不能按照相应的原则实施,将对训练过程产生不利的影响。

1.2.1 注重安全原则

飞行员航空救生与野外生存训练的过程中,必须秉承"安全第一"的训练原则,这里所说的安全,是要设法保证施训人员和受训人员双方的安全。训练内容、训练模式和训练方法要科学合理,训练设施和器材要保证质量和操作安全,确保整个飞行员航空救生与野外生存训练处于安全、有序的状态。生存救生训练要想取得好的效果,往往需要尽可能贴近实际遇险时的状态,因而会具有一定的风险。对于风险较大的训练课目,要认真研究,可适当降低训练难度,在保证好安全的情况下开展训练,才是理想的状态。如果勉为其难,不仅会导致受训飞行员无法学到生存救生的知识和本领,还会对训练安全和飞行员本身产生危害和损失。

1.2.2 科学操作原则

相对于航空产业发达的国家,无论是在政府应急救援和交通运输部门,还是在航空企业,我们的飞行员生存救生训练都还不太成熟,缺乏在这个领域的具体操作经验,虽然有许多成功的案例,但是对实施的具体程序还是不明朗,有待进一步的学习和研究。相对而论,美国、俄罗斯、英国、澳大利亚等国家和地区已经走在了前列,他们无一例外都对相关训练操作的科学性非常看重。在各类飞行员航空救生与野外生存行动中,需要针对不同的情况做出不同的反应,专家进行专门的研究和论证,利用专家的专业知识和技术力量,开展各类生存救生活动,并在行动之后不断研究本次救援中的优点和不足,再引入到训练中,不断对训练内容、方式方法进行改进,使之更加科学化。

1.2.3 时间控制原则

飞行中的不测和事故一般都具有突发性,而且迫降后也容易产生伴随性伤害,情况易发生难以预测的变化。所以,如何能在迫降后尽快以安全、有效的方式处理突发事件是航空救生与野外生存的特色,也是处理应急事件所必备的。迫降后的飞行员必须设法在最短的时间内处置事态及所面临的困难和险境,并采取一系列科学的应急处理,开展自救以及与同伴间的互救,尽快脱险。总之,反应越迅速、行动越早,救生与生存的效果也越好。正因为如此,在平时开展训练时,应对每项训练完成的时间做出限定,提高熟练程度,加快完成课目作业的速度,只有这样才能在危险真正来临时迅速有效地摆脱风险。

1.2.4 全面协调原则

在实际的生存救生过程中,通常会涉及多种技能的应用。例如,若迫降时受伤,需要及时进行野外急救;及时进行联络呼救以便获得营救;获取食物和水源来维持获救前的基本生存;搭建野外庇护所来休息、避风寒等。而一项技能往往需要其他基础能力作为支撑,如食物、水源的获取过程可能要野外工具的制备和生火技能,庇护所的搭建还要有较好的结绳技能相配合。可见飞行员航空救生与野外生存过程中,必须全面掌握各种技能,并能够合理制定行动方案,让各项生存救生行为协调有序。因此,训练项目和内容要全面,应覆盖航空生存救生的各个方面和环节。在训练过程中,可借助综合演练或全面考核等形式将各训练项目融合在一起,促进飞行员对技能的全面掌握,并提升其灵活运用生存救生技能的能力。另外,大部分技能对于某个单独的飞行员和多人机组,有不同的实施方法,对于多人机组的生存救生要有针对性地开展集体训练。

总而言之,在训练的过程中,应切实遵守各项原则,处理好训练的方方面面,飞行员航空救生与野外生存训练才能发挥出应有的作用。

1.3 飞行员航空救生与野外生存训练的主要内容

飞行员航空救生与野外生存训练内容主要包括野外生物侵袭防护、野外联络呼救、野外急救、水上自救与互救技能训练、飞行员高空缺氧环境训练、水和食物的获取、野外工具使用技能、结绳技能、野外露营技能、野外定向。教学训练和最终考核都是理论与实践结合,但以实践为主。各项训练中的支撑设备会在第2章向大家介绍。各项训练的具体内容包含如下方面。

1) 野外生物侵袭防护

通过开展野外毒蛇识别训练,毒蛇咬伤防护与急救、毒虫咬伤预防、海洋生物侵袭防护、大型动物侵袭防护实践教学,使参训者了解野外生物侵袭防护的相关知识。

2) 野外联络呼救

通过开展救生电台、光烟信号管、救生信号枪、海水染色剂等呼救联络设备的使用技能等野外联络呼救技能教学训练,使参训者了解野外联络呼救的相关知识,掌握太阳反光镜、闪光标位器和救生口哨等联络呼救设备的使用方法。

3）野外急救

通过空勤急救盒配置技能训练、呼吸暂停急救技能训练、心脏骤停急救技能训练、休克急救技能训练、出血急救包扎急救技能训练、骨折扭伤脱位急救技能训练、烧伤急救技能训练、搬运技能训练和急救技能训练，使参训者熟知心肺复苏、止血包扎和骨折固定等知识，掌握相关技能。

4）水上自救与互救技能训练

通过基础能力训练、水下逃生训练、水上漂浮技能训练、直升机绞车救援训练、软梯（绳梯）救援训练，使参训者掌握水下逃生、水上漂浮技能、登机自救与互救等知识和技能，熟悉水上救生物品的使用方法。

5）飞行员高空缺氧环境训练

通过地面缺氧体验训练和地面加压呼吸训练，使参训者体验地面缺氧、地面加压呼吸、过度换气，掌握高空缺氧与过度换气时的处置方法。

6）水的获取

通过该项训练，使参训者掌握水源获取、水源净化等方面的知识和技能。

7）野外食物

通过野外食物获取技能教学训练、野外可食用食物及有毒食物鉴别训练、野外常用捕猎/捕鱼工具的制作与使用技能训练、野外食物的加工/食用与保存技能训练，使参训者掌握野外食物鉴别与获取等方面的知识和技能。

8）野外工具使用技能

通过救生绳索使用技能教学训练、野外生火技能训练、生存刀使用技能教学训练、折叠野战锹使用技能教学训练、投射工具的制备和使用训练、野外携行具的制备技能训练，使参训者熟知野外生存工具装包、检查、使用等环节知识，掌握野外工具使用技能。通过结绳技能训练，使参训者熟知各种典型的结绳技能，能灵活运用结绳技能应对航空救生与野外生存中的各种问题。

9）野外露营技能训练

通过在各种环境下建立安全宿营地的技能教学、野外驻训条件下露营场地的搭建、模拟实际应用条件下野外露营场地的搭建、野外防潮技能教学训练、野外体温保持技能教学训练，使参训者熟知野外露营场地选择、搭建、防潮、体温保持等知识和技能，了解雪地寒区、热带雨林、酷热干旱地域宿营地搭建等野外生存知识和技能。

10）野外定向

通过地图/指北针定向技能训练、手表定向技能训练、影钟定向技能训练、风定向技能训练、植物定向技能训练、借助山石/特殊建筑定向技能训练、星空定向技能训练、月相定向技能训练，使参训者熟知野外定向的知识和技能。

11）生存救生综合技能考核

考核参训者对航空救生与野外生存相关知识技能的掌握程度。在训练区依次进行11个技能的考核。

1.4 训练系统在航空救生与野外生存训练中的应用

在飞行员航空救生与野外生存训练中运用一些辅助训练系统，不但可以保证训练安全，还能极大地提升训练效果。本章就向大家介绍教学多媒体演示系统。

生存救生教学多媒体演示系统，是典型的辅助训练系统，可将生存救生相关的文字、视频、动画、照片等资源进行整合，利用信息化教学手段，提高训练效果。该训练系统可作为生存救生知识讲授与技能演示的重要方式。教学多媒体演示系统通常包含如下模块。

1）结绳技能教学多媒体演示模块

该系统内应包括"8"字结、双重"8"字结、称人结等单绳结以及剪立结、三角支架结、方回结、十字结等绳木结合的捆绑方法的动画演示，可让多名参训人员反复观看，再进行实操，以提高训练效率。

2）野外急救教学多媒体演示模块

该模块应具备开展呼吸暂停急救、心脏骤停急救、休克急救、出血急救、包扎急救、骨折急救、扭伤与脱位急救、烧伤急救、受伤搬运等9项基本急救技能的多媒体演示功能。

3）野外呼救联络教学多媒体演示模块

该模块应可开展救生电台、光烟信号管、太阳反光镜、闪光标位器、海水染色剂、救生口哨等基本呼救联络设备的功能、结构介绍和使用方法的演示。

4）野外露营教学多媒体演示模块

该模块应可开展露营场地选择方法、露营知识的学习。

5）野外生物侵袭防护教学多媒体演示模块

该模块应可开展毒蛇咬伤防护与急救、毒虫咬伤预防、海洋生物侵袭防护、大型动物侵袭防护等多种野外生物侵袭防护理论知识的讲授及教学视频演示。

6）水上环境生存救生教学多媒体演示模块

该模块应可开展水下逃生、水上漂浮、溺水救治、体温保持、水上饮水与食物获取、防海洋生物侵袭、水上呼救联络、寻找陆地、安全登陆、安全登机等水上生存基本技能的理论讲授及多媒体演示。

7) 丛林环境生存救生教学多媒体演示模块

该模块应可开展丛林行进、寻找水源、获取食物、建立安全宿营地、防治中暑、防治皮肤病、毒蛇咬伤防治、防危险动物侵袭 8 项丛林生存基本技能的理论讲授及多媒体演示。

教学多媒体演示系统功能实现如图 1.1 所示。

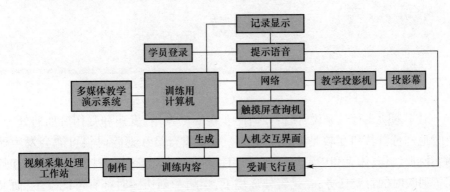

图 1.1　教学多媒体演示系统功能实现

第2章 野外急救

对于遇险飞行员来说，懂得如何防止疾病的发生、发病和受伤后如何处理、及时地进行自救和互救是十分重要的。一是飞行员在遇险时很可能会发生外伤、骨折、烧伤、休克和中毒等，那么利用急救包或其他天然材料进行自救和互救成了遇险时的首要任务；二是野外环境下，疾病和创伤随时都有可能发生，而又无法及时得到外界的支援，需要依靠自己的力量进行急救处置。因此，这就需要飞行员能够掌握心肺复苏、止血、包扎、骨折固定等基本的急救知识和基本技能，在遇到意外伤害或发生急症时头脑清醒、临危不乱，在搜救人员到来之前，采取正确的急救措施进行自救或互救，以挽救生命、减轻痛苦，防止病情恶化，为救援争取时间。

急救前需要确定自己所处环境或靠近伤员是否安全。如果所处位置有危险，应设法将自己和伤员转移到安全的地方。但需要注意，如果受伤部位是脊椎，不到万不得已尽量不移动。

2.1 心肺复苏

2.1.1 心肺复苏机制

伤员因躯体疾病、触电、溺水、窒息、外伤等原因造成呼吸、心跳停止而危及生命，此时每过 1min 生存率下降 10%。心肺复苏术（cardio pulmonary resuscitation，CPR）是抢救心跳、呼吸骤停的重要急救技术，主要包括胸外心脏按压和口对口人工呼吸，以胸外心脏按压形成暂时的人工循环并诱发心脏的自主搏动，以人工呼吸代替伤员的自主呼吸，目的是促进血液循环，使血液可以携带氧到人体重要脏器（尤其是脑），保障重要脏器基本功能，以维持生命，为进一步复苏创造条件。在生命受到威胁时,心肺复苏可以挽救人的生命,确保飞行人员生命得以延续。实施心肺复苏术越早越好,一般不应超过呼吸心跳停止后4~6min。由于心肺复苏术对环境条件要求较高、耗时较长,一般在相对安全环境下使用。

2.1.2 心肺复苏步骤

2.1.2.1 迅速判定伤员意识、呼吸和心跳是否存在

轻拍伤员的双肩(禁止摇动患者头部,防止损伤颈椎),同时在伤员两耳旁分别高声呼唤(如"你怎么啦?")。如果没有反应,表明意识丧失。进一步检查颈动脉搏动和呼吸是否停止,具体操作方法如下:用食指和中指先触及气管正中部位(男性可先触及喉结),然后向旁侧滑移2~3cm,触摸颈动脉有无搏动,如在10s内未触及,即为心脏骤停。俯身用耳朵贴近伤员的口鼻感觉有无气流,同时侧脸观察其胸部有无起伏以判断有无呼吸。判断心跳和呼吸也可以同时进行。如果呼吸停止、无颈动脉搏动,需立即开始心肺复苏术,即心肺复苏三部曲(CAB)。

2.1.2.2 胸外心脏按压(C(Circulation))

操作方法:将伤员仰卧在木板或平整坚硬的地面上,双手放于躯干两侧,快速解开衣物、领带等。如果伤员为俯卧位,翻动伤员时身体必须整体转动,头、颈、躯干呈直线,防止扭曲,尤其注意保护颈部,施救者一手托住其颈部,另一手扶其肩部,使伤员平稳地转动为仰卧位。施救者双膝跪于伤员身旁,掌根部于两乳头连线中点(或剑突上缘两横指:沿肋骨下缘向上滑找到剑突头端起向上两指幅处,以另一手之掌根放两指上方即为按压位置);掌根着力,两手平行重叠,手指并拢,分开或互握均可,但不得接触胸壁。身体向前倾,使肩、肘、腕位于同一轴线,与患者身体平面垂直,用上身重力按压,使胸廓下陷至少5cm,待胸廓完全回弹后,再次按压,应"用力、快速"按压,不能冲击式地猛压。期间保持掌根位置固定不移位,每次按压后,胸部起伏时手不要离开胸部,以免按压位置不正确,并尽量减少中断。按压频率至少100次/min。边按边大声数数。按压和人工呼吸联合进行,按压与通气比例为30∶2。

2.1.2.3 开放气道(A(Airway))

首次胸外心脏按压(C)30次后,开放气道(A)并进行人工呼吸(B)。

检查口腔如伤员的咽部和气管,被血块、泥土或呕吐物等堵塞应立即清除,当伤员昏迷后舌后坠,或伤员的咽部和气管被血块、泥土或呕吐物等堵塞均可造成窒息,严重者在几分钟内就危及生命。因此,心肺复苏时必须先设法开放气道,恢复呼吸道通气。

操作方法(仰头抬颏法):一只手放在伤员前额,用手掌把额头向后推,使头部后仰。另一手食指和中指放在下颌颏骨体上,向上抬起下颌,使伤员的口张开,让下颌尖、耳垂连线与地面呈垂直状态,舌根离开咽后壁,避免舌根后坠以畅通气道。勿用力压迫下颌部软组织,否则有可能造成气道梗阻。

2.1.2.4 人工呼吸(B(Breathing))

在胸外心脏按压(C)30次和开放气道(A)前提下进行人工呼吸(B)。开放气道后,应立即给予人工呼吸2次。

口对口人工呼吸是最常见的人工呼吸方法,也是最迅速、效果最好的救援方法。操作方法:在保持呼吸道畅通的位置下进行,用按于前额的手捏住伤员的鼻孔使空气不从鼻孔流出,施救者深吸一口气后,用嘴唇包住伤员的嘴,平稳地向伤员口腔吹气,然后施救者将嘴移开,并松开捏鼻孔的手,让其自行呼出,气体呼出时看到胸廓回落。如此反复进行,人工呼吸成人每分钟8~10次。

注意事项:

(1) 每次吹气持续时间1s以上,并能明显看到胸廓起伏;

(2) 吹气量:800~1200mL,避免过大,以及由此产生的气道压过高,导致胃充气;

(3) 开放气道和2次人工呼吸时间应少于10s。

首轮做一个周期后,即5个30∶2,进行复苏效果判断(要求迅速,时间5~10s),即检查伤员颈动脉搏动及呼吸,如没有恢复,应继续实施5个循环后再判断效果,如此循环操作。

2.1.3 心肺复苏有效和终止的指征

心肺复苏术效果评估主要有以下几点:

(1) 昏迷程度变浅,出现各种反射;

(2) 面色转为红润;

(3) 触摸到规律的颈动脉搏动;

(4) 可以自主呼吸;

(5) 开始呻吟、肢体出现无意识动作等;

(6) 双侧瞳孔缩小,对光反射恢复。

终止心肺复苏术的情形如下:

(1) 自主呼吸和心跳已有效恢复;

(2) 开始进行CPR前,能确定心跳停止达15min以上者;

(3) 心肺复苏持续30min以上仍无心搏和自主呼吸,现场又无进一步救治和救治条件。

2.1.4 心肺复苏注意事项

心肺复苏注意事项如下：

(1) 如心脏骤停时间不到1min，因其尚无明显缺氧，胸前捶击的强烈刺激即有可能使心脏复苏。在按压前可先行心前区叩击法复律，急救者用握拳的尺侧(小指侧)距病人胸壁20~30cm处，迅速捶击胸骨中下1/3交界处1~2次，如无效应(摸不到大动脉搏动和心跳)立即行胸外心脏按压。

(2) 按压速率至少为100次/min，保证每次按压后胸部回弹，尽可能减少胸外按压的中断。

(3) 胸外心脏按压的位置必须准确。不准确容易损伤其他脏器。按压的力度要适宜，深度至少5cm，若按压的力度过轻，则胸腔压力小，不足以推动血液循环。

(4) 施行心肺复苏术时应将患者的衣扣及裤带解松，以免引起内脏损伤。

(5) 复苏后体位(侧卧位)：伤病员经抢救后有自主呼吸及心跳但仍处于昏迷状态时，应将伤病员放置于卧位的体位，或头部旁偏，同时穿好衣服盖上被毯注意保暖。

2.2 止 血

血液是维持生命的重要物质。成年人的血液量占体重的7%~8%，约4000~5000mL，当失血总量达总血量20%时，会出现头晕、脉搏增快、血压下降、出冷汗、肤色苍白、少尿等症状；当失血总量达30%以上时，就有生命危险。因此大出血是造成遇险人员死亡的主要原因之一，条件允许时应优先进行大出血止血。致命性大出血多由动脉血管破裂所致，特点是：血液呈鲜红色，间歇性喷射状，出血速度快。伤员多表现为脉搏快而弱，呼吸浅促，意识不清，皮肤湿凉。可通过问、看、摸相结合的方式快速判断出血部位和严重程度，并选择相应方法进行止血。

2.2.1 卡式止血带法

卡式止血带由自动锁卡、锁紧开关和涤纶织带组成，操作简便，松紧度可调。该方法适用于四肢大出血，在出血伤口上方5~10cm处以衣物或三角巾等作衬垫；止血带绕肢体一周，将自动锁卡插入锁紧开关内；一手按住锁紧开关，另一手拉紧涤纶带，直至出血停止，记录止血时间。自救时，可预先将自动锁卡插入锁紧开关内成环状,再套于伤肢进行止血,如图 2.1 所示。

图 2.1　卡式止血带止血

注意事项:
(1) 止血带要扎在伤口上方;
(2) 止血带不宜直接扎在皮肤上,应用衣服、毛巾、三角巾等作衬垫;
(3) 扎止血带要松紧适度,以出血基本停止为宜;
(4) 为防止肢体缺血坏死,止血带使用时间不宜超过 2h;
(5) 扎止血带后,不能被衣物、装具等遮盖。

2.2.2　三角巾法(三角巾加压包扎止血)

该方法适用于缓慢流出或渗出状出血。以前臂出血为例,敷料覆于伤处,三角巾折成比敷料略宽的条带压在敷料上,用力拉紧条带缠绕伤肢两周后打结,如图 2.2 所示。

图 2.2　三角巾加压包扎止血

注意事项:
(1) 伤口内有异物或骨折时不宜使用;
(2) 若出血量大,可在敷料上加垫绷带卷等以提高加压效果;
(3) 若条带很快被血液浸透,应尽快使用止血带。

2.2.3　绞棒加压法

无制式止血带的情况下,可用三角巾、绷带、手帕、纱布条等就便器材,折叠成带状,缠绕在加垫的伤口近心端,并在动脉走行的背侧打结,然后用小木棒、笔杆、枪通条等插入绞紧,直至不出血为止。

该方法适用于四肢大出血,将三角巾折叠成带状,在伤口上方 5~10cm 处环绕肢体两周,打一活结;将绞棒插入活结下方偏外侧,提起、绞紧,至出血停止;使用活结环固定绞棒,记录止血时间。动作要领概括为"一绕、二提、三绞、四固定"。

注意事项:

(1) 首先将绞棒上提而后绞动;

(2) 松紧适宜,以不出血为止。

2.2.4　指压止血法

指压止血法是一种简单而有效的临时止血法,多用于头面部、颈部及四肢动脉出血。出血后用拇指压住出血的血管上方(近心端),压向深部的骨骼上,阻断血液的流通而达到止血的目的。这只是临时止血措施,条件允许时应尽快使用制式器材止血。不同部位使用方法不同。

1) 头部出血

用食指或拇指在耳前下颌关节上方处加压,如图 2.3 所示。

2) 面部出血

用拇指由气管正中部位(男性为喉结下方一横指)旁移 2~3cm,将颈动脉搏动处压向颈椎,不能同时压迫双侧颈动脉,如图 2.4 所示。

图 2.3　头部出血指压止血

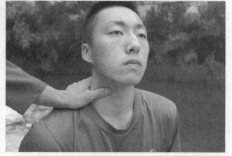
图 2.4　面部出血指压止血

3) 肩部出血

用食指压迫锁骨上窝、胸锁乳突肌下端后缘,将锁骨下动脉向内下方压于第一肋骨上,如图2.5所示。

4) 前臂出血

用拇指压迫上臂内侧肱二头肌沟处的搏动点,将肱动脉压向肱骨,如图2.6所示。

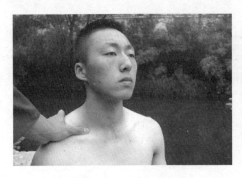

图2.5　肩部出血指压止血

图2.6　前臂出血指压止血

5) 手部出血

用健侧手的食指、拇指同时压迫腕部内外侧的搏动点,将尺、桡动脉压在腕部尺骨、桡骨上,如图2.7所示。

图2.7　手部出血指压止血

6) 下肢出血

双手拇指重叠,按压腹股沟中点稍下方的搏动处,将股动脉压向耻骨,如图2.8所示。

7) 足背部出血

用两手拇指同时压迫足背中部近脚踝处(胫前动脉)和足跟内侧与内踝之间(胫后动脉)或用一只手的食指和拇指分别压迫这两个部位,用力压在跟骨上,如图2.9所示。

第 2 章　野外急救

图 2.8　下肢出血指压止血

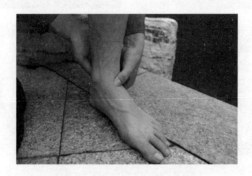

图 2.9　足背部出血指压止血

2.3　包　　扎

　　包扎具有加压止血、保护伤口、扶托伤肢、减轻疼痛和防止感染等作用。常用包扎器材有三角巾急救包、急救创伤绷带等，临时还可以利用就便器材进行包扎。找到伤口后，先揭开或脱去衣服，紧急情况下可剪开衣物，以充分暴露伤口。不可随意取出伤口内的异物，以防引起出血和内脏脱出。条件允许时，用酒精或碘酒对伤口周围消毒，敷料尽可能保持无菌，以防加重感染。

2.3.1　三角巾包扎法

　　三角巾急救包内含三角巾和大小两块敷料，应用范围广泛，使用起来简便迅速，包扎方法多样。三角巾展开时为等腰三角形，顶角和一底角各有一条系带。根据受伤部位不同，可折叠成带式、燕尾式和蝴蝶式，用于全身各部位伤口包扎。

2.3.1.1　三角巾帽式包扎

　　三角巾帽式包扎适用于颅顶部创伤，如图 2.10 所示。敷料置于伤处，将三角巾底边反折约2横指宽,置于眉弓上缘,顶角拉向枕后;拉紧底边,经两耳上方于枕后交叉,压紧顶角;将顶角一并绕至前额打结。

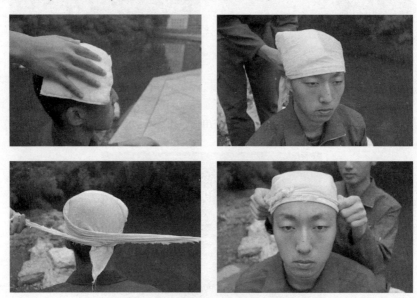

图2.10　三角巾帽式包扎

注意事项:用力拉紧顶角以固定敷料,加压止血;额前打结位置不宜过高,防止滑脱。

2.3.1.2　三角巾眼部保护性包扎

三角巾眼部保护性包扎适用于眼部贯通伤及眼球伤,如图2.11所示。敷料置于伤眼,将三角巾折成约4横指宽条带,取上1/3处斜放于伤眼;下端条带从伤侧耳下绕至对侧耳上,在前额正中压住上端条带;上端条带反折覆盖另一眼,经健侧耳下至枕后,两端相遇打结。

注意事项:单眼包扎时,反折条带经健侧耳上绕行;禁止揉搓伤眼或对眼部施压;有条件时应使用眼罩,或使用纸杯等就便器材保护。

2.3.1.3　三角巾耳部包扎

三角巾耳部包扎适用于耳部创伤。单耳创伤时,敷料覆于伤处,将三角巾折成5指宽的条带状,条带上1/3处斜放于伤耳上,短端放于额前,长端经枕后绕至对侧耳上在额前与短端交叉,而后两端避开伤口相遇打结,如图2.12所示。双耳创伤时,敷料覆于伤处,将三角巾条带中部放于枕后,两角斜向前上绕行,将双耳包住,在前额交叉,以相反方向环绕头部,两角相遇打结,如图2.13所示。

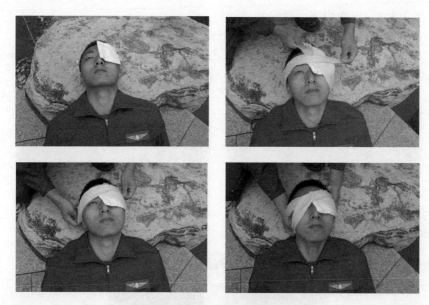

图 2.11　三角巾眼部保护性包扎

图 2.12　三角巾单耳包扎

图 2.13　三角巾双耳包扎

2.3.1.4 三角巾下颌部包扎

三角巾下颌部包扎适用于下颌部创伤。敷料覆于伤处,将三角巾叠成 4 横指宽的条带状,取 1/3 处抵住下颌部,长端经耳前绕过头顶至对侧耳前上方,与另一端交叉,然后分别绕至前额及枕后,于对侧打结固定,如图 2.14 所示。

图 2.14 三角巾下颌部包扎

2.3.1.5 三角巾肩部燕尾式包扎

三角巾肩部燕尾式包扎适用于肩部创伤。单肩创伤时,敷料置于伤处;三角巾折成燕尾式,后角压前角,后角大于前角;燕尾夹角对准伤员伤侧颈部,平铺于敷料上方;拉紧两燕尾角于对侧腋下打结,再将两燕尾底角环绕上臂 1/3 处相遇打结,如图 2.15 所示。双肩创伤时,敷料置于伤处;三角巾折成燕尾式,夹角约为 130°对准颈后部,拉紧两燕尾角分别包绕肩部经腋下和同侧两底角打结,如图 2.16 所示。

2.3.1.6 三角巾腰腹部燕尾式包扎

三角巾腰腹部燕尾式包扎适用于腰腹部创伤,如图 2.17 所示。敷料覆于伤处;将三角巾折成燕尾式,平铺于敷料上方,前角压后角,前角大于后角;两燕尾底角在腰背相遇打结;拉紧两燕尾角在大腿部打结。

注意事项:燕尾夹角在 90°左右,切勿过大,向前的角要稍大于后角,保证腹部包扎后三角巾绷紧。

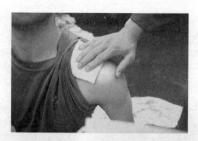

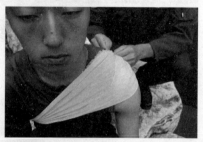

图 2.15 三角巾单肩包扎

图 2.16 三角巾双肩包扎

2.3.1.7 三角巾胸背部燕尾式包扎

三角巾胸背部燕尾式包扎适用于双侧胸背部创伤。三角巾侧胸燕尾式包扎：敷料覆于伤处；将三角巾折成燕尾式放于伤侧，两底角在季肋部打结，然后拉紧两燕尾角，于对侧上部打结，如图 2.18 所示。三角巾双侧胸背部燕尾式包扎：敷料覆于伤处；将三角巾折成燕尾式，置于胸背部伤口处，拉紧两燕尾底角于背后(胸前)打结，然后将两燕尾角分别放于两肩上并拉向背后(胸前)，与前结余头打结固定，如图 2.19 所示。

2.3.1.8 三角巾四肢部包扎

三角巾四肢部包扎适用于四肢及关节部创伤，如图 2.20 所示。敷料覆于伤

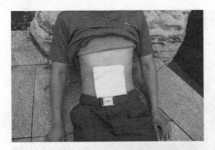
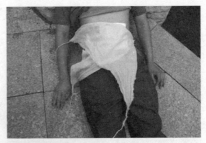

图 2.17　三角巾腰腹部燕尾式包扎

图 2.18　三角巾侧胸燕尾式包扎

图 2.19　三角巾双侧胸背部燕尾式包扎

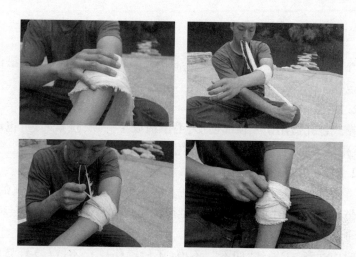

图 2.20 三角巾四肢部包扎

处;三角巾折成比敷料略宽的条带,咬住条带一端,拉紧条带绕肢体一周后,再压住上下缘缠绕打结。

2.3.1.9 三角巾手足部包扎

三角巾手足部包扎适用于手或足及其指(趾)创伤。敷料覆于伤处,将三角巾底边向上横置于腕部(踝部),手掌向下(足底朝下),放于三角巾中央,再将顶角折回盖在手背(足背)上,然后将两底角交叉压住顶角,一并于腕部(踝部)缠绕1周打结,或打结后,再将顶角折回打在结内,如图2.21所示。

图 2.21 三角巾手足部包扎

2.3.2 就便器材包扎法

在野外、遇险紧急情况下,无制式器材时可就便取材,用毛巾、剪破的衣物等进行伤口包扎。

2.3.2.1 毛巾帽式包扎

毛巾帽式包扎适用于颅顶部创伤,毛巾横放于头顶,拉紧两边,包住前额及颅顶;用毛巾尾端打结;若长度不足,可用短带接长。

2.3.2.2 毛巾下颌部包扎

毛巾下颌部包扎适用于下颌部创伤。将毛巾折叠成约4横指宽的带形,一端系一短带;用毛巾的中间部分兜住下颌,两端上提,一端经头顶绕至对侧耳上;与另一端十字交叉后横向缠绕、打结。

包扎时应注意:①做到"四不":不摸(不触摸伤口)、不取(不轻易取出伤口内异物)、不复(不随意复位外露骨折断端)、不送(不送回脱出体外的脏器);②就便器材包扎时应选用洁净器材,条件允许时,及时换用制式包扎器材。

2.4 骨折固定

骨折是指骨的连续性和完整性的中断,骨折部位会出现剧烈疼痛、肿胀出血、瘀斑、肢体功能障碍、畸形和异常活动及骨摩擦音等症状。骨折后可因剧烈疼痛、出血过多或并发头、胸、腹部脏器损伤而致休克。骨折因受害部位不同而产生不同的内脏组织损伤,肋骨骨折可刺破肺部而引起气胸、血胸,下肋部骨折可引起肝、肺、肠曲的破裂及腹膜刺激症状,骨盆骨折可出现血尿和排尿困难等症状。根据骨折断端是否与外界相通,可分为闭合性骨折和开放性骨折。开放性骨折容易感染,发生骨髓炎或败血症。一旦骨折,必须进行临时固定,避免损伤周围组织、血管和神经,防止闭合性骨折转化为开放性骨折,减轻疼痛,也便于搬动伤员。固定的目的不是骨折复位,而是防止骨折端移动。

骨折的处置原则:先处理危及生命的伤情后再固定,如有休克或脏器损伤者,先给予抗休克治疗及脏器的修复处理,如有伤口出血,先止血包扎;固定时先固定骨折上下端后再固定关节,比如前臂骨折,应同时固定肘关节和腕关节;为防止磨损突出部位的皮肤,固定需妥帖稳当,固定材料不要直接接触身体,应垫以衣物、敷料等;刺出伤口的骨折端,不要放回伤口内,以免造成感染;疑似骨折按骨折处理;先固定再搬运。

2.4.1 上肢骨折固定

2.4.1.1 前臂骨折固定

1）前臂骨折卷式夹板固定

伤臂屈肘90°；夹板塑形后置于伤臂两侧，骨突出部位加衬垫；取条带分别固定骨折两端；三角巾包绕骨折两端关节将伤臂悬吊于胸前。具体方法如图2.22所示。

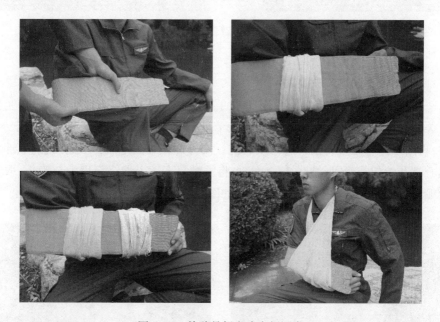

图2.22 前臂骨折卷式夹板固定

2）前臂骨折健肢固定

用三角巾包绕骨折两端关节将伤臂悬吊于胸前，再取5指宽条带将前臂固定于躯干，如图2.23所示。

3）前臂骨折衣襟简易固定

伤肢屈肘90°，贴于胸前；伤侧衣襟向上反折，包绕伤肢，扣于对侧衣襟，也可将伤侧袖口纽扣扣于对侧衣襟。

4）前臂骨折就地取材固定

用两块木板（或木棒、竹片）等分别放于手掌、手背两侧（只有一块木板时，放于手背侧），用布带或手帕、毛巾等绑扎固定，然后再用三角巾或腰带悬吊于胸前。

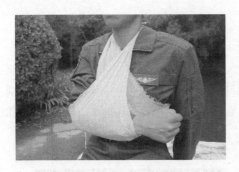

图 2.23　前臂骨折健肢固定

2.4.1.2　上臂骨折固定

1) 上臂骨折卷式夹板固定

伤臂屈肘 90°；夹板塑形后对折置于上臂两侧；一端置于腋下，另一端兜住肘关节后置于肩关节处；在腋窝和肘关节处加衬垫；用条带依次固定骨折上、下端，再用三角巾条带将前臂悬吊于胸前。用弹性绷带固定时，先从骨折的下部即远心端开始包扎，环形缠绕 2~3 圈，再将绷带自下而上缠绕至肩关节为止；取弹性绷带将前臂悬吊于胸前。具体方法如图 2.24 所示。

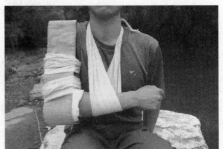

图 2.24　上臂骨折卷式夹板固定

2) 上臂骨折健肢固定

三角巾顶角朝上包绕肩、肘关节后，将上臂固定于躯干，用三角巾条带将前臂悬吊于胸前，如图 2.25 所示。

3) 上臂骨折就地取材固定

在上臂外侧放一块木板，用两条布带分别固定骨折上下端，然后用三角巾或腰带将前臂悬吊于胸前。如无木板，用胶鞋代替也可。

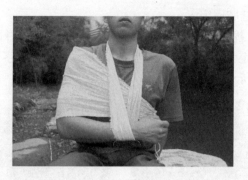

图 2.25　上臂骨折健肢固定

2.4.2　下肢骨折固定

2.4.2.1　大腿骨折固定

1）大腿骨折卷式夹板固定

夹板塑形后置于大腿内、外侧；内侧夹板上端至会阴部，下端跨过踝关节，多余部分沿足底反折；外侧夹板上端至髋关节，下端跨过踝关节；骨突出部位加衬垫；用条带依次固定骨折上端、下端、髋关节和膝关节，"8"字形固定踝关节。具体方法如图 2.26 所示。

 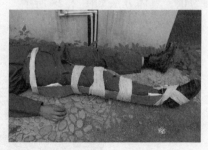

图 2.26　大腿骨折卷式夹板固定

2) 大腿骨折健肢固定

使伤员两腿并拢,在会阴部、膝、踝关节和两腿间填充衬垫;以健肢替代夹板,用条带依次固定骨折上端、下端、髋关节和膝关节,"8"字形固定踝关节。具体方法如图 2.27 所示。

图 2.27 大腿骨折健肢固定

2.4.2.2 小腿骨折固定

1) 小腿骨折卷式夹板固定

夹板塑形后置于小腿内、外侧;上端超过膝关节至少 10cm,下端跨过踝关节,多余部分沿足底反折;骨突出部位加衬垫;用条带依次固定骨折上、下端和膝关节,"8"字形固定踝关节。用弹性绷带固定时,先从骨折的下部即远心端开始包扎,环形缠绕 2~3 圈,"8"字形固定踝关节,再将绷带自下而上缠绕至膝关节上端为止。具体方法如图 2.28 所示。

图 2.28 小腿骨折卷式夹板固定

2）小腿骨折健肢固定

使负伤人员两腿并拢，在膝、踝关节和两小腿间填充衬垫；以健肢替代夹板，用条带依次固定骨折上、下端和膝关节，"8"字形固定踝关节。

3）小腿骨折树枝固定

将树枝置于小腿外侧，其余操作同卷式夹板。

2.5 拉伤、扭伤与关节脱位

拉伤是指肌肉撕裂或者过度拉长。而扭伤是关节过猛的扭转，撕裂附着在关节外面的关节囊、韧带及肌腱。关节扭伤主要表现为扭伤部位肿胀、有压痛感、皮肤发青发紫及关节不能转动等。扭伤最常见于踝关节、手腕及下腰部。治疗拉伤和扭伤，可以遵循 RICE 疗法。

休息（Rest）：让受伤的肢体至少休息 24h，如果可能则休息 48h。

冰敷（Ice）：在扭伤后的前 24h 用塑料袋装冰块或冷敷袋放置于疼痛处，以降低炎症反应并可有效止痛。若没有冰块，也可用凉水代替。间歇性地敷住伤处（敷 30min，歇 30min）。不要把冰块直接放在皮肤上，也不要在受伤后的前 24h 用热毛巾敷伤处，24h 后可以用暖敷袋热敷。

加压（Compress）：用弹性绷带扎紧伤处，但是如果肿胀加重，则应马上将绷带松开。

抬高（Elevate）：尽可能抬起受伤的肢体并放松，并且高过心脏。

注意事项：不当的推拿和按摩可能反而加重炎症反应；脚踝扭伤时可考虑暂时使用腋下拐杖，以避免走路时足部不当受力，影响复原或再次扭伤；腰扭伤者最好睡硬板床，扎宽腰带，并锻炼腰肌。

关节脱位是指由于突然落下、猛烈打击等原因而造成的关节脱离原位。一旦发生关节脱位，马上就会出现肿胀现象，而且还会给伤员带来极大的痛苦。因为脱位关节周围的肌肉几乎会立即变得非常紧张坚硬，所以最好在肌肉出现肿胀以前将脱位的关节复位，否则伤员还有可能面临生成坏疽或永久畸形的危险。复位时，以手法复位为主，时间越早复位越容易，效果越好。复位后将关节固定在稳定的位置上，使受伤的关节囊、韧带和肌肉得以修复愈合。固定期间还应经常进行关节周围肌肉的舒缩活动，和患肢其他关节的主动运动，以促进血液循环、消除肿胀，避免肌肉萎缩和关节僵硬。

2.6 伤员搬运

遇险后,如果有同伴受伤,经过初步急救处理后,不管是等待营救还是被营救时,都必须经过搬运这一环节。规范、科学的搬运术对伤员的抢救、治疗和预后都十分重要。掌握正确的搬运方法,才能在急救中保证伤员的安全,从而达到有效的救治目的。错误的搬运可能会使伤员在搬运途中伤情加重甚至失去生命。搬运时,根据所处环境和伤员的具体情况灵活选择科学合理的搬运工具和方式。

2.6.1 担架的制备

担架在伤员搬运时起着至关重要的作用,主要用来快速、安全地转运伤员。飞行人员在遇险得救的过程中,可就地取材,快速制备担架。

(1) 用衣物做担架。找 2~3 件外套,将衣服的袖子往里塞进去,将两根棍子分别从两侧袖筒里穿过去。把外套的扣子扣上或拉链拉上,简易担架的制备就基本完成了。试用担架时,可以让一个没有受伤的人躺到担架上试一下,确保它能够安全地承受一定的重量。

(2) 用帐篷或毛巾做担架。

2.6.2 颈托的制备

用杂志、厚的织物、报纸或任何有支撑作用的东西折成 8~12cm 宽的长条,用三角巾、围巾等卷起来,将颈托围于颈部四周,将颈托两宽松端拉向颈前,系紧。也可用一双靴子分别放于头部两侧,作为支撑。

2.6.3 搬运方法

2.6.3.1 徒手搬运

徒手搬运适用于伤势较轻和转运路程又较近的伤员。根据救护人员数量可分为单人搬运、双人搬运和多人平卧托运。

1) 单人搬运

由一个人进行搬运,常见的有扶持法、抱法、背法。

(1) 扶持法如图 2.29 所示,是将伤员未受伤的手臂绕过搬运者颈部,一手环绕伤员腰部,抓紧裤子以利于支撑。适用于伤情较轻、尚能站立行走的伤员。

(2) 抱法如图 2.30 所示,是弯腰,伸出双手,分别从伤员膝关节处和腋下穿过,依靠两臂和腰部的力量,使身体站立。如伤员较重,可采用坐姿,易于支撑。适用于体重较轻的伤员,胸背部伤员慎用。

图 2.29　扶持法　　　　　　　　图 2.30　抱法

(3) 背法如图 2.31 所示,是搬运者屈身,将伤员扶起,使其伏于搬运者背上,将伤员迅速背起,伤员手臂绕过搬运者颈部,搬运者两手向后抓住伤员两侧下肢,或交叉于伤员臀后,避免伤员滑落。适用于清醒的伤员,其伤痛不影响抱紧搬运者的肩和颈部。胸部伤员禁用。

图 2.31　背法

2) 双人搬运

双人搬运分为椅托式搬运法、拉车式搬运法等方法。

(1) 椅托式搬运法如图 2.32 所示。要求两名搬运者位于伤员两侧,将其扶成坐姿,分别伸出左右手在伤员腘窝处互相抓握腕关节,其他两手在伤员背后交叉,呈座椅状。抬起伤员后,两人协调前进。

(2) 拉车式搬运法如图 2.33 所示。伤员前后各一名搬运者,前者位于伤员两腿之间,双手穿过膝下抱住膝关节,后者双手从伤员腋下穿过,在胸前交叉抱紧,两人协力将伤员抬起,在前者引导下行进。

图 2.32　椅托式搬运法

图 2.33　拉车式搬运法

2.6.3.2　担架搬运法

担架是搬运负伤人员最常用的工具。当伤员脊柱或四肢发生损伤时,担架搬运法是最合适的方法之一。没有担架时,也可用椅子、门板、毯子、衣服、大衣、绳子、竹竿、梯子等制作简易担架搬运。搬运时要根据伤情不同,选用适宜的工具并使伤员在担架上采用不同的姿势。

注意,重伤员搬运时,如脊柱损伤,用硬担架,3 或 4 人同时搬运,固定颈部不能前屈、后伸或扭曲。搬运过程中,应使担架保持平稳,防止颠簸,避免加重伤情。注意为伤员保暖,预防低体温和冻伤。同时,密切关注伤员情况,做好应急准备。在开阔地行进或下坡时,伤员头在后,脚在前,以便后面的搬运者随时观察伤情;上坡时,伤员头部朝前,避免头部过低不适或加重伤情。如果从现场到转运终点路途较远,则应组织、调动、寻找合适的现代化交通工具运送伤员。

2.7　烧　伤

飞机失事时常会有遇险人员被烧伤。烧伤不仅损坏身体组织,还容易造成感染,或因体液流失而使伤员休克。另外,烧伤的程度还会因烧伤面积而加重。

烧伤的治疗不仅仅是为了挽救伤员生命,还要尽可能减轻或避免畸形,恢复功能和劳动能力。

2.7.1 烧伤的原因

烧伤的致伤因素很多,有热液(水、油、汤等)、火焰、蒸汽、高温气体、炽热金属液体或固体(如钢水、钢锭)、化学物质、电能、紫外线和放射线等。高温作用于人体皮肤、黏膜后,直接导致不同层次的细胞变质、坏死,进而造成局部组织细胞的损害。邻近毛细血管充血、渗出,通透性增加,形成血栓。另外,烧伤后机体反应可释放出多种生物活性物质,引起局部炎症反应和一系列全身反应。烧伤面积较大时,人体不足以代偿迅速的体液丧失,循环血量下降,血流动力变化,引起低血容量性休克。而烧伤局部及周围组织因热力损伤、水肿、血栓等原因导致组织缺氧、代谢障碍,从而加重机体水电解质和酸碱平衡失调。

2.7.2 伤情评估

2.7.2.1 烧伤面积估计

以烧伤区占全身体表面积的百分率来计算。中国人体表面积的计算常用中国九分法和手掌法,既简单实用,又便于记忆,两者常结合应用。

1) 中国九分法

将全身体表面积划分为若干9%的倍数来计算。成人头颈占9%,双上肢各占9%,躯干前后(各占13%)及会阴部(1%)共占3×9%,臀部及双下肢占5×9%+1%。

2) 手掌法

五指并拢,手掌面积即占全身体表面积的1%,此法不论年龄大小与性别,均以伤员自己手掌面积的大小来估计。对小面积的烧伤直接以手掌来计算,大面积烧伤则以手掌法减去未烧伤的面积,使用更为方便。

2.7.2.2 烧伤创面深度判断

一般采用"三度四分法"判断创面的深度,Ⅰ度及浅Ⅱ度为"浅度烧伤",深Ⅱ度及Ⅲ度为"深度烧伤"。

(1) Ⅰ度烧伤:仅伤及表皮浅层。表现为受伤处皮肤轻度红、肿、热、痛,感觉过敏,无水疱。

(2) 浅Ⅱ度烧伤:伤及表皮的生发层、真皮乳头层。表现为受伤处皮肤疼痛剧烈,感觉过敏,有水疱,水疱剥离后可见创面均为发红、潮湿、水肿明显。

(3) 深Ⅱ度烧伤:伤及真皮层。表现为受伤皮肤痛觉较迟钝,可有或无水疱,基底苍白,间有红色斑点。

(4) Ⅲ度烧伤:伤及皮肤全层,甚至达皮下、肌肉、骨骼。表现为皮肤感觉消失、无弹性、干燥、无水疱,蜡白、焦黄或碳化,拔毛时无痛感。

2.7.2.3 烧伤严重程度的分类

烧伤严重程度的判断,主要依据烧伤的面积、深度、部位、有无合并伤,伤者的年龄、伤前的体质强弱、有无内脏器质性疾患等因素综合判断。

(1) 轻度烧伤:总面积10%以下的Ⅱ度烧伤。

(2) 中度烧伤:总面积11%~30%,或Ⅲ度烧伤面积10%以下。

(3) 重度烧伤:总面积31%~50%,或Ⅲ度烧伤面积11%~20%;或总面积不足31%,但全身情况严重或已有休克、复合伤、中重度吸入性损伤者。

(4) 特重烧伤:总面积51%以上,Ⅲ度烧伤面积21%以上。

2.7.3 急救方法

烧伤的急救原则是消除烧伤的原因,保护创面,使伤员安静,止痛。

(1) 灭火,脱离热源。迅速逃离燃烧现场,脱去燃烧的衣物或就地卧倒,缓慢打滚压灭火焰,或跳入附近水池、河流内灭火。他人灭火时,将伤员按倒,同时用棉被、雨衣、毯子、雪或沙土灭火。不要粗暴剥脱粘在身上的衣物,以免造成水疱脱皮。

(2) 冲洗创面。轻度烧伤,特别是四肢烧伤,应尽可能用冷水连续冲洗或浸泡,也可用冷水浸湿的毛巾覆于创面,可迅速降低热度及减轻余热对组织的持续损伤。之后用无菌纱布、敷料做初步的包扎或干净衣物覆盖创面,避免再次污染或损伤。不要给伤处涂敷任何药液、药膏。

(3) 镇痛抗感染。必要时口服镇痛和抗感染药物。

(4) 补充液体。严重烧伤后,人体会流失大量水分,因此要及时补充水分,可少量多次饮水。条件允许时,喝淡盐水,避免口服大量无盐水或单纯输入大量葡萄糖溶液,以免加重组织水肿。

2.8 其他疾病的应急处理

2.8.1 冻伤

冻伤是指在一定条件下,由于寒冷因素作用于人体,引起的局部或全身的损伤。根据损伤发生的范围,可以分为全身性冻伤和局部性冻伤。冻伤的严重程度取决于温度、环境情况、暴露时间、衣物的数量以及伤员的健康状况,低温、潮湿、固定姿势、长时间暴露、合并外周血管疾病以及开放性伤口都会加重冻伤。冻伤多发生在耳垂、鼻子、手指、足趾等处,冻伤的症状,一般表现为冻伤的部位有刺痛感、肿胀、发红、发痒、起疱、麻木、皮肤变硬、变色等。

在寒区遇险时,遇险飞行人员若疏忽大意,特殊的气候环境很容易导致冻伤。冻伤本身并不致命,但可能引起严重后果。有些丧生的遇险人员,主要是因为冻伤失去了行动能力,因而难以进行各种生存活动,最后出现体温过低而死亡。

1) 冻伤的救治

冻伤的救治原则是迅速脱离寒冷环境,避免继续冻伤,采取保暖措施积极快速复温。对遇险飞行员来说,在搜救人员到来之前,最重要的是做好局部保暖和复温措施,如用保暖的衣物或被褥保护冻伤部位,将手夹在腋窝下,或将手足放入同伴的腋窝下、胸前、腹部处取暖,使其逐渐自然解冻。有条件时,尽快用 40~42℃ 温水浸泡实施快速复温,直到冻伤部位组织软化,皮肤、甲床转红为止,时间不宜过长,一般为 20~30min。保暖复温后在伤处涂敷冻伤膏并用纱布或质地柔软的衣物轻裹患处。特别注意不可摩擦或按揉患处,也不要挑破水疱。千万不要用高温烘烤、雪擦拭、冷水浸泡等方式对伤处进行解冻复温。如衣服、鞋袜、手套等冻结在皮肤上,不能强行脱去,可在复温过程中逐渐移除。

2) 冻伤的预防

虽然寒区环境恶劣,但只要遇险飞行员采取适当的防护措施,也可将冻伤的发病减少到最低程度。主要措施有:①衣物、鞋袜、手套等保持温暖干燥,避免出汗,出汗后及时更换或烘干;②休息时,可将救生物品中的保温袋套在或盖在身上保暖,耳、鼻、手、足等暴露部位尤其注意保暖颜面部用围巾等包裹,扎紧袖口、裤脚,防止风雪吹入;③避免在雪地上坐卧,防止体温丢失太快,还要避免赤手接触温度过低的金属;④勤活动手脚,经常按摩揉搓易冻伤部位,以促进血液循环;⑤寻找或创造干燥背风环境。

2.8.2 中暑

中暑是指人体在高温环境下,由于体温调节功能紊乱以及水和电解质平衡失调,引起的以中枢神经系统和心血管功能障碍为主要表现的热损伤疾病。高温、通风不良、烈日暴晒、长时间工作等均可以引发中暑。根据症状可分为先兆中暑、轻症中暑和重症中暑。若出现乏力、口渴、多汗、头晕目眩、头疼、耳鸣、恶心、胸闷、心慌、体温正常或略有升高,但不超过 38℃ 等症状,即为先兆中暑;若出现恶心呕吐、大汗淋漓、心率加快、体温升高,则为轻症中暑;若出现高热、痉挛、惊厥、休克、昏迷等症状,表示已经发展到重症中暑,将威胁遇险飞行员的生命安全。

1) 中暑的救治

首先将伤员移至阴凉通风处,解开衣裤,平卧休息;饮用淡盐水,少量多次,或服用人丹、藿香正气水、十滴水等解暑药;头部用冷水浴或冷水湿敷,在颈部、额部涂抹清凉油或风油精等;用浸过冷水的毛巾或衣物等裹住伤员体表,在腋窝、腹股沟等部位放置冰袋;条件允许时将伤员浸泡于水中,但避免发生寒战。

2) 中暑的预防

中暑重在预防。寻找或搭建阴凉处休息,以防烈日暴晒;不要在草丛、山谷等高温高湿的地方久留;穿宽松透气、容易吸汗的浅色衣服,以减少太阳辐射热,或适度敞开衣服,也可用树枝或花草编成帽子,防止头部受热;合理安排作息时间,尽量在清晨或傍晚活动,中午在阴凉处休息,并保证充足睡眠;多补充水分;常用冷水擦洗身体,用凉毛巾包在头上,起到散热的作用。

2.8.3 食物中毒

在野外生存,很容易误食有毒动植物。一旦误食,会出现头晕、头痛、恶心、腹痛和腹泻等中毒症状。这时应立即停止食用,进行急救治疗。急救的原则是排出毒物和解毒。

(1) 催吐。用手指或其他代用品压迫咽喉部,直至中毒者吐出清水为止。

(2) 导泻。常用的导泻剂有硫酸镁和硫酸钠,用量 15~30g,加水 200mL,口服。

(3) 洗胃。最方便的是用浓茶水、肥皂水或柳树皮的浸泡液反复洗胃,也可用2%碳酸氢钠洗,此法亦能同时除去已到肠内的毒物,起到洗肠的作用。

(4) 解毒。在进行上述急救处理后,还应当对症治疗,服用解毒剂。最简便的是吃生鸡蛋清、生牛奶或用大蒜捣汁冲服。有条件的可服用通用解毒剂(活性炭4份、氧化镁2份、鞣酸2份和水100份),其主要作用是吸附或中和生物碱、苷类、重金属和酸类等毒物。

2.8.4 发热

发热是人体在致热源的作用下或各种原因引起体温调节中枢障碍时,体温升高超过正常范围,是临床上最常见的症状,可见于多种感染性疾病和非感染性疾病。体温升高不一定都是疾病引起的,某些情况可有生理性体温升高,如剧烈运动、饱餐后,或劳动后,进入高温环境或热水浴等均可使体温较平时略高。

2.8.4.1 发热的判断

正常成人腋下温度一般为36~37℃,舌下温度为36.3~37.2℃,直肠温度为36.5~37.7℃,体温高于正常称为发热,按发热的高低(以口温测量为准)可分为:低热37.3~38℃;中等度热38.1~39℃;高热39.1~41℃;超高热41℃以上。

2.8.4.2 发热病因

引起发热的疾病很多,根据致病原因不同可分为两类。

(1)感染性疾病,主要包括常见的各种病原体引起的传染病,全身性或局灶性感染。以细菌引起的感染性发热最常见,其次为病毒等。

(2)非感染性疾病,主要血液病与恶性肿瘤、变态反应疾病、结缔组织病、甲状腺功能亢进等。

2.8.4.3 处理

当体温超过39℃,就会对人体产生危害,明显增加机体的消耗,损害心脑肝肾等重要脏器的功能,出现心跳加快、食欲减退、恶心、呕吐、便秘,甚至意识不清、惊厥、昏迷等。因此,对高热患者一定要及时应对。

1)一般处理

观察病情,注意休息,进食易消化的食物,服退热药后大量排汗时更应注意水分补充。

2)病因治疗

发热是机体抵抗疾病的生理性自我防御反应,只是一个症状,寻找病因尤为重要。针对病因治疗是治疗的根本,如感染性高热必须用足量的抗生素。

3)物理降温

根据病人发热的情况和身体的耐受情况,结合气候特点选用下列方法。

(1)冷敷或冰袋降温。

将冰块砸碎,装入热水袋中,在冰块放至袋子约1/2时,加入少量凉水,制成冰袋。冰袋放置的部位一般是在前额,也可枕于头下,或放于颈部、双侧腋窝等处。每次放置时间不超过20min,以免发生局部冻伤。或是用冷毛巾敷于前额、腋窝、腹股沟等大血管走行处,每3~5min更换一次。

(2)温水擦浴降温。

用低于患者皮肤温度的温水,一般为32~34℃进行擦浴。擦浴部位为四肢、颈部、背部;擦至腋窝、腹股沟、腘窝等血管丰富处,停留时间应稍长,以助散热,全部擦浴时间约20min。擦浴过程中要注意给患者保温,擦浴完毕之后,应给患者更换衣裤,半小时后要给患者测量一下体温。

(3)酒精擦浴降温。

此法能使局部血管扩张,并利用酒精的蒸发作用带走热量,从而达到降温的目的。用作物理降温的酒精浓度为 30%~50% 左右。具体配制方法为:95% 的酒精 100mL 加凉水 200mL。擦拭前额、腋窝、腹股沟等大血管走行处。酒精擦浴时应注意动作要轻柔,擦浴时酒精不宜过多,擦薄薄的一层即可,这比擦很多酒精更容易带走热量。降温勿过急、过度,一般降至 37~38℃ 左右即可。禁止擦浴的部位有胸前区、腹部、后颈部,这些部位对冷的刺激较敏感,冷刺激可引起反射性的心率减慢、腹泻等不良反应。

4) 药物降温

可适当服用阿司匹林、对乙酰氨基酚。体温过高(超过 40℃)使患者明显不适、患者惊厥或意识障碍时,应立即使用退热药。使用药物退热必须注意,对于体温 38℃ 以下的病人,不要急于退烧治疗,发热是不同疾病的诊断参考依据,擅自用药容易掩盖病情;退热药不可擅自加大用量和缩短使用时间,这易引起大汗淋漓、导致虚脱。

2.9　简易急救措施

在野外生存环境中或遇险时,飞行人员都可能被钉子或鱼钩等锐利的物品刺伤,也可能被刀子、玻璃等尖锐的物品割伤,或者由于摩擦导致皮肤表面擦破,这些外伤性伤口可用创可贴、纱布等包扎。如果比较严重,首先要止血。不流血后,用生理盐水或干净的清水清洗伤口,再用碘酒等对伤口周围的皮肤进行消毒,一般由伤口向外擦拭,最后再包扎。

在野外,喝生水、吃野果和野味,都有可能导致腹泻。预防腹泻最主要的方法就是注意饮食卫生,对所有饮用水进行消毒处理,加工肉食的时候要彻底弄熟,严防病从口入。发生腹泻时,要立即服用诺氟沙星或黄连素等止泻药。同时适当补充淡盐水,以防脱水。缺乏药物的时候用按摩治疗的方法代替。也可以每隔 2h 喝 1 杯浓茶,直到腹泻停止或得到缓解。茶里面含有丹宁酸,这种物质对治疗腹泻有很好的作用。在许多阔叶树的内层树皮中也能发现这种物质。如果将这些树皮煮沸 2h 或者更长时间,熬出来的液体也是可以治疗腹泻的。

长时间野外步行、穿着不合适的鞋子或者脱落起皱的袜子,都可能使脚上长水疱。所以最好事先预防,时常检查脚上发热的地方或者发红、肿胀的地方,如果出现了这些情况,可垫以创可贴或者绷带等。如果长了水疱,处理时首先要将脚底清洗干净,用消过毒的针将水疱从边缘处刺破,挤压出疱内脓液,然后上药包扎即可。

在野外活动时,沙尘、虫子等异物可能会进入眼睛,使眼睛发红发炎,对光线敏感，甚至感到疼痛。因为绝大部分异物进入眼睛后都会留在上层的眼皮下，所以要翻开眼皮，清除出灰尘或者其他异物。如果无法清除导致眼部不适的灰尘，用清水清洗受伤的眼睛，清洗时间应当持续至少 10~15min。在进行清洗的过程中，必须确保受伤的眼睛位置低于另一只眼睛，从而确保其在被清洗的时候不会造成对另一只眼睛的伤害。如果条件允许，在受伤的眼睛里抹上抗生素眼膏，并且在 24h 内戴着眼罩。

2.10 心肺功能复苏教学模拟系统

心肺功能复苏教学模拟系统用于心肺复苏教学训练的理论讲解和演示训练。该系统主要由人体模型和心肺复苏控制系统组成。

人体模型最好采用成年男性特征的整体人，要求解剖标志明显，手感真实，肤色统一，形态逼真，便于操作定位。头部可左右摆动，并水平转动 180°。可模拟瞳孔缩放及颈动脉搏动的变化等生命特征。人体模型在仰卧位时，头可后仰，便于心肺复苏术训练过程中，演练"清除呼吸道异物"这一操作。可进行胸外按压操作、打开气道、口对口人工呼吸或者使用简易呼吸器辅助呼吸，有效人工呼吸时可见胸廓起伏。

心肺复苏控制系统可安装在台式计算机或笔记本计算机上，通过数据传输线路接收人体模型在心肺复苏训练中的主要生理信息，用于训练与考核时对参训者心肺复苏操作的评定。

心肺功能复苏教学模拟系统的操作模式为 CPR 训练与考核操作。训练操作状态下，参训人员可对人体模型进行按压与吹气练习，每次操作的按压深度和吹气量等信息会由人体模型内的传感器收集并传递到计算机中的心肺复苏控制系统显示出来。若操作动作不在标准范围内，系统会有语音提示。

考核状态下，只需输入参训者信息后就可以开始考核。默认考核标准参数：时间为 120s；频率为 100~120 次/min；按压和吹气比例为 30∶2，循环次数为 5 次。按压位置评定：两乳头连线与胸骨下段 1/3 交界处。按压深度评定：少于 5cm 为不足，大于或等于 5cm 为正确，没有过大设定。吹气量评定：少于 500mL 为不足，500~1000mL 为正确，大于 1000mL 为过大。操作时间、操作频率、按压和吹气的比例次数、循环次数，成绩标准均可根据训练要求进行调整。

在训练和考核全程，心肺复苏控制系统会模拟心电图显示。随着按压操作，心电图随之变化，抢救成功后显示为正常心电图。

心肺功能复苏教学模拟系统功能实现流程如图 2.34 所示。

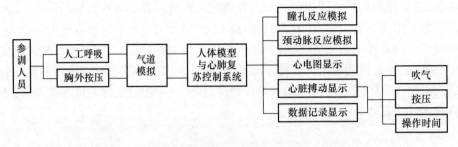

图 2.34　心肺功能复苏教学模拟系统功能实现流程图

第3章 野外定向与联络呼救

在飞行遇险后,飞行员如果没有受伤或者经过紧急救治伤情稳定,就要立刻想方设法判定自身位置,发出求救信号。毕竟尽快脱离充满未知的自然环境,返回人类社会才是保护自己的最好方法。而如果在一段时间内求救没有任何回应,所处地域的生存环境又比较恶劣,就要自主判定最近的救援营地或居民点所在方向位置,尽快脱离险境。

3.1 野外定向

飞行员遇险迫降后,无论身处什么样的自然环境(浩瀚海洋上、在茫茫的沙漠中、茂密的山林里或冰封的雪原上),无论选择什么样的救生方法(坐等救援、自救脱险),首先都要迅速确定自己所处的位置。许多动物可以不借助地图、工具,准确辨别方向,北极鸥能每年从南极到北极飞两个来回,鲑鱼可以游过数千公里的海洋,回到出生时河流的源头完成自己的一生。而人类的方向感通常较差,在野外特别是地形复杂的陌生区域活动时,非常容易迷路。此时,最重要的就是能够迅速判定方向。学会使用指南针和地图对确定方位十分重要。而在没有地图和指南针等制式器材的情况下,要学会利用自然界的一些特征判定方向。

3.1.1 借助工具

在野外,制式工具定向准确,是我们寻找方向的首选。如果没有携带定向工具,可以利用电磁原理自制定向工具。

3.1.1.1 制式工具

1) 指南针

指南针是野外判定方向的最好工具(图3.1)。使用时,只要把指南针平放,待磁针静止后,即可准确判定方向。

图 3.1　指南针

指南针的指针指向南北磁极,也就是地球自然磁场的磁极。指南针多种多样,"遇险飞行人员"应随身携带简单的纽扣指南针以备紧急情况使用,而分度规指南针(如席尔瓦指南针)则用于基本导航与定位。棱镜指南针含有内置棱镜,通过棱镜可以辨出准确的方位。有些指南针带镜子和棱镜,有些则以棱镜代替镜子。但这种指南针价格昂贵,一个简单的席尔瓦指南针足以满足精确导航的需要,从而避免繁杂及由此产生的错误。但使用指南针时应避开高压线和金属物体,在铁矿或磁力异常地区使用会造成失灵或偏差。

2) 地形图的定向

利用地物定向首先在地形图上找到与实地相应的地物,如道路、山顶、河流、突出树、道路交叉点、小桥和一些方位物等,然后在站立点转动地形图,使图上地物与实地地物一致。地貌是由水流形成的,溪流和河流穿行而过,形成山脊、山岗和山谷。道路等人工地貌往往变化较快。用地图来了解地理位置,首先应辨别出河流,然后辨别出其间的山谷和山脊。在地图的使用年限范围内它们的变化极其微小。

山谷和塑造山谷的河流在地图上显示为一系列弯曲的等高线(图 3.2),并精确地表明了山谷形状,特别是在地面上看不到的部分。海拔高度用数字标记在等高线旁边。

鞍状山脊是两个山岗或山峰之间的低洼部分(图 3.3)。在地面上,如果从一侧来看,只能看到一座山岗。鞍状山脊通常在地图上显示。

图 3.2　山谷

图 3.3　鞍状山脊

地图展示了山岗的全貌，大多数区域从地面的某个位置是看不到的（图3.4）。

河流总是因山脊分离，在地图上画得就像指纹一样（图3.5）。在山脊顶上走比在山谷里走要容易得多，在密林中尤其如此。

图 3.4　山岗

图 3.5　山脊

地图的比例尺也很重要，地图比例尺通常标记在地图下方图例处，通常一个单位与实际距离成一定比例。对于遇险飞行人员来说，合适的地图比例尺是 1∶50000。地平面尤其是低地地区的地图信息并非一目了然，而是隐藏于山脊线中。因此，遇险人员需拿着地图，用指南针确定可见地标，找出所在道路位置。

3）磁差

在地形图的底部通常会标出磁差。一个被标识为"MN"的箭头指明了磁北极。还有另一条线，这条线的顶端画有一颗星星，它所指向的是真正的北方。地图是依据真正的北方进行绘制的。真正的北方和磁北极之间的差异通常被称为磁差。在校正磁北极(指南针指向的方向)和真正的北方之间的差异时,磁差是非常有用的。在后面的部分中我们还会仔细地谈到相关知识。

4) 利用地图和指南针精准定向

利用地图定向,最重要的就是根据周围的地形来使地图上的特征和具体情况相匹配。这个过程对于确定所处的具体位置来说是非常有帮助的。

(1) 走到比较高的位置。这样,当地图进行定位时就可以对所处的位置进行判断。

(2) 打开手中的地图,展开摊放在一个平整的地方。如果可能,用类似毛毡之类的东西垫在地图下面以避免把地图弄脏或者弄湿。

(3) 旋转指南针上的圆形转盘,直到方向箭头的底部接触到真正的北方那个点,但是当你这样做的时候,必须对该区域已有的"磁差"作出判断(图3.6)。

图3.6 利用指南针与地图精准定向

磁差是磁北极和正北方之间存在的差异。正北方在地图上有标识,磁北极则是指南针指向的方向。这里要注意的是,地图上 360°的方位所指向的方向(也就是正北方)并不必然就是指南针 360°的方位所指向的方向。在大多数地形地图的底部这种差异都被特别指出来。磁差主要存在以下两种情况:①向西的磁差:如果磁北极位于正北方的西面,我们就要在 360°上增加磁差度数。经过这样的调整之后,指南针所指的方向就和正北方向一致了。②向东的磁差:

如果磁北极位于正北方的东面,我们就要用360°减去磁差度数。

(4) 把指南针放在地图上,使其较长的一边平行于地图上的经度线。必须确认指示前进方向的指针所指向的是地图上的北方。

(5) 保持指南针的位置不动,把地图进行旋转,直到可以浮动的磁针进入到基座上刻出的指示箭头范围内。这个步骤被称作磁针归位。

(6) 进行两次检查,以确保指南针已经进行了适当的调整,如果没有问题,用重物压住地图各边使其保持在固定的位置上。

(7) 完成以上步骤后,地图上所反映出的特征也就能够符合实际的地形情况。

5) GPS 确定方位

GPS 定位器是一种利用全球定位系统和相关技术来确定物体或个人精确位置的设备(图 3.7)。了解 GPS 定位器型号,按照说明书使用即可确定所在方位和行进的路线,不需要什么技巧。但要注意的是,GPS 定位器比较费电池,多数 GPS 定位器使用四节碱性电池一直开机可用 20~30h,说明书上的时间并不是很准确的,长时间使用时要注意携带备用电池。大部分 GPS 定位器有永久的备用电池,它可以在没有电池时保证内存中的各种数据不会丢失。由于 GPS 定位器在静止时没有方向指示功能,所以要同时带上一个小巧的指南针。

图 3.7　GPS 定位器

6) 航位推测

航位推测法原本是一种海上航行时用的传统导航方法,当我们在陆地上定向时,也可以使用这种方法。在确定从一个地方到另一个地方的路线时,航位推测是一种有效的导航方法,不过需要有书写工具和纸张。使用这种方法的时候,在出发之前,需要绘制和记录一系列路线,要计算好每条路线两点之间的距离和方位。这些路线将引导我们从出发点到达目的地,根据计划的行走路线,或者是通过对比实际位置与计划路线之间的距离,可以在任何时候帮助我们测定实际方位。

使用航位推测方法导航的时候,需要使用一些辅助工具和器材。地图是用于选择计划路线和绘制实际行走路线的工具;指南针用于辨认方向;量角器用于在地图上测算方向和距离;路线卡片可用于描绘目标行程计划;日志可用于记录实际旅行距离。

确定出发点并且在地图上标绘出行走路线之后,就可以制作路线卡片,用距离和方向描述出具体行进路线。路线卡片制作完成后,就可以准备出发。行进的时候,务必详尽记录所走的每个方位及每个方位所走的距离。这些记录就是我们的行程日志——因为人脑记忆终究有其不足。如果由于地形地貌原因而不得不偏离计划路线,务必及时调整行走路线并记录在日志中。

使用航位推测法的时候,测算出平均步速非常重要。但是,测算平均步速时,务必要考虑下述情况:

(1) 坡度。下坡时步幅大,上坡时步幅小,在缓坡上变化不大。
(2) 风向。迎风步幅小,顺风步幅大。
(3) 地表。沙砾、泥浆、沙石、高草、厚雪会减小步幅。
(4) 气候。雪、雨和冰都会减小步幅。
(5) 衣物。厚重的衣物会减小步幅,摩擦力不同的鞋也会影响我们的步幅。

7) 三角定位法

三角定位法是另一种利用地图、指南针和实地参照物精准定位的方法。运用该方法时应选择地势较高的地方来进行,因为这样的地方视野开阔,具有全方位360°的可视性。

(1) 先利用地图和指南针进行精准定位。
(2) 在视野中找到3个标志物,最好是3个标志物之间都保持大约120°的差距。

首先要判断标志物的轮廓。把它的轮廓转换为一种两维的形象,在地图上找到符合这一形象的具体位置。然后判断从所处的位置到需要辨识的标志物之间的距离。可以按照这样的方式进行计算:如果距离在1~3km之间,可以看到每棵树的树枝;如果距离在3~5km之间,可以看见每棵树的轮廓;如果距离在5~8km之间,树丛看上去就像是绿色的绒毯子;如果距离超过8km,不仅树丛看上去像绿色的绒毯,而且在视野中还会出现一种蓝色的色调。最后要通过与自身所处位置的比较来判断标志物的高度。

(3) 使用指南针,把指示行进方向的箭头对准直端一个确认的标志物,然后转动指南针上的圆盘,到磁针进入刻出的方向箭头范围之内。当指示行进方向的箭头接触到指南针的圆盘数据时,读出磁针所指示的刻度并作记录。针对其他两个标志物重复此过程。

（4）在利用地图进行接下来的测量时,确保地图的位置仍然正确。

（5）把指南针置于确认的地图标志物上,转动指南针。直到磁针进入到刻出的箭头范围之内。检查两次,确保指南针的指向对于选择的标志物而言是正确的。

（6）沿着指南针基座的左边缘从标志物开始用铅笔轻轻画出一条线。将这条线进行延伸。针对其他两个标志物重复这一过程,每次都要确保地图摆放的方位是正确的。

（7）最终,当3条线交叉时,一个三角形就形成了,我们的位置应该就位于三角形内或者其边缘地区(图3.8)。

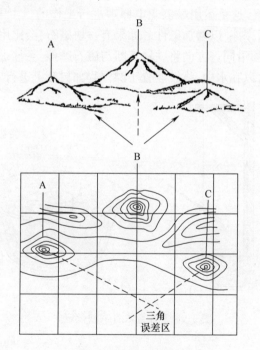

图3.8　三角定位法

（8）为了确认最终的位置,要对周围的地形进行审视,并把这些特征和地图上画出的三角形进行参照,以确认最终位置。

8）行进中的四个要点

（1）要对着目的地建立起指南针的方位。一旦确信自身所处的方位之后,就要相信指南针,并且在行进方向上保持住指南针的方向。

(2) 判断好将要行进的距离。

(3) 选好检验点,在行进过程中,应该清楚地了解路线上的每一个主要的地形特征。判断在这些典型的地形特征之间大概的距离。每当走过一个地点时,就在地图上把它圈出来。这样,在行进的过程中,就能保持对自己所处方位的大致了解。

(4) 估计到达目的地的时间。这样做的好处是能够更加合理地设定每天的行进距离。

3.1.1.2 自制工具

运用科学原理,就地取材,也可以制造出精度相对较高的简易指南针。

1) 摩擦铁丝

取一截铁丝(或缝衣针)在一块丝绸上沿同一方向反复摩擦,悬挂起来即可指示北极(图3.9)。这是运用摩擦起电原理进行工作的。由于磁性不会很强,隔段时间需要重新摩擦,以增加磁性。如果有一块磁石,会比用丝绸更有效。但需要注意的是,必须沿同一方向将铁针不断与磁石摩擦,悬挂磁针的细绳不要打扭结或绞缠。也可以在水中,将针放置于漂浮物如树叶上进行定向。

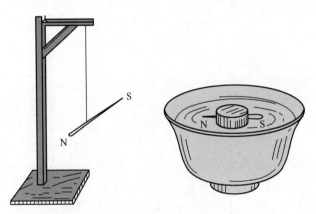

图3.9 利用缝衣针或铁丝定向

2) 电磁针

如果拥有2V以上的干电池或其他电源,就可利用电流磁化金属的原理,用一小截金属线(最好外包绝缘皮)来制作电磁针。

其他方法:将外包绝缘皮的电线绕成线圈,让铁针穿过线圈。如果电线没有绝缘皮,可以首先把铁针外缠几层纸或一块卡纸。将线圈两端连上电流至少5min,铁针便会指出南北方向。

3) 刀片指南针

薄而平的刮胡刀片是由两类金属黏合而成的。利用这一特性也可指示方向,方法是:将刀片小心在手上摩擦,便会带上磁性,然后将其悬吊起来,它便会指示方向。

需要指出的是,建议指南针不要不断地充实磁力,同时经常把检测出的方向与观测日影得出的方向作对照以便提高方向指示精度。另外测试地点应该远离金属矿等强磁场。

3.1.2 地理景观

如果没有携带定向工具,也无法获得制作定向工具的材料,不必慌张,野外的植物、风、雪甚至昆虫都可以帮助我们寻找方向。

3.1.2.1 植物景观

常言道,万物生长靠太阳。许多植物都有向阳生长的特点,这便形成了许多间接判定方向的特征。掌握这些特征,即使在没有阳光的天气仍可以依此判断方向。

(1) 靠近树墩、树干及大石块南面的草生长得高而茂盛,秋天南面的草也枯萎干黄得比较慢。

(2) 树皮一般南面比较光洁,北侧较为粗糙(树皮上有许多裂纹和高低不平的疙瘩)。这种现象以白杨树最为明显。白杨树南面的树皮较之北面的颜色淡,而且富有弹性。

(3) 夏天松柏及杉树的树干上流出天然树脂和树胶,南面的比北面的多,而且结块大。

(4) 松树干上覆盖着次生树皮,北面的较南面的形成得早,向上发展较高。雨后树皮膨胀发黑时,这种现象较为突出。

(5) 秋季果树朝南的一面枝叶茂密结果多,以苹果、红枣、柿子、山楂、荔枝、柑橘等最为明显。果实在成熟时,朝南的一面先变色。

(6) 长在石头或树木上的苔藓性喜潮湿,不耐阳光,因而青苔通常生长在石头或树木的北面或是在北面长得最厚。如果一棵树长在开阔地,阳光每天都能照到这棵树,那么找找这棵树的长苔藓最厚的部位,那一面就是北方。不过,某些苔藓喜欢生长在树干有阳光照射的部分,有时也得考虑一下这个因素。

(7) 有些草原植物为了减少水分蒸发,叶子与地面垂直,按东西方向排列,只接受早晚阳光的斜照。像蒙古菊、野蒿首、草地麻头花等,被喻为"指向植物"。

(8) 我国北方的山岳、丘陵地带,茂密的乔木林多生长在阴坡,而灌木林多生长在阳坡。这是由于阴坡土壤的水分蒸发慢,水土保持好,所以植被恢复比阳坡快,易形成森林。

(9) 冷杉、云杉等在北坡生长得好,而马尾松、华山松、柞树、杨树等就多生长于南坡。

(10) 在理想的状态下,树桩上的年轮冲着太阳的一侧会宽一些,那一面就是南方。多观察几根树桩,把其他因素例如斜坡、生长过程中的树荫等考虑进来,基本上就可以判断哪个方向是南了。

(11) 落叶也是一种非常有价值的判断方向的方法。树在强烈的主风风向中落叶。不过,在山中或者峡谷里的山风会违背这一规律。

(12) 在没风的情况下,铁杉和松树的尖顶一般都冲着太阳升起的方向,也就是东方。

3.1.2.2 地质景观

1) 风定向

世界各地季风的变化是有规律的,掌握这一规律之后我们只要留意观察周围的环境就能确认方向。例如,强风总是沿同一方向刮来,植物和树木会沿同一方向弯曲。

鸟类和昆虫通常把巢穴修筑在风刮不到的隐蔽处,雪或沙丘也会被沿高压带外围形成的季风吹成一定的形状等,注意观察这些现象有助于我们辨别方向。这一点在沙漠地区尤为重要。

风是塑造沙漠地表面形态的重要因素,在单风向地区一般以新月沙丘(图 3.10)及沙丘链为主。沙丘和沙垄的迎风面坡度较缓,而背风面坡度较陡。我国西北地区,由于盛行西北风,沙丘一般形成西北-东南走向。

图 3.10 新月沙丘

沙丘西北面坡度较小,沙质较硬;东南面坡度较大,沙质松软。在西北风的作用下,沙漠地区的植物,如酥油草、红柳、梭梭柴、骆驼刺等都向东南方向倾斜。另外蒙古包的门通常也朝向背风的东南方向。冬季在枯草附近往往形成许多小雪垄、沙垄,其头部大尾部小,尾部所指的方向就是西北方向。

以上仅仅是沙漠地区的一般特点,风向还因地区和季节的不同而异。在具有多种风向而风力大致相似的地区,则会出现金字塔形沙丘,在这些地区判定方向较为复杂,应参考日月和星辰综合判断。

2) 积雪指向

积雪也可以帮助我们辨认方向。南面山坡上的积雪一般呈现颗粒状,排列较紧;而北面山坡上的积雪却松软、干燥。积雪融化时,南面山坡的积雪要比北面山坡上的积雪融化得快一些。屋顶上的积雪,南面的要比北面的融化得快一些。

3) 石头指向

山上的石头由于日照长短不同,南边最光、最亮,东西两侧次之,北边的一面几乎没有光泽。

4) 蚂蚁指向

蚂蚁的窝巢——蚁山,也可以助我们一臂之力。它大多构筑在树根以南,为了多得到一点阳光,它南边修得平缓,北边比较陡峭。

应当指出的是,上述各种辨别方向的方法在实际运用的时候都要特别注意对具体情况作具体分析,千万不要生搬硬套。在辨别方向时,务必注意多种方法综合运用,互相补充、验证。我国地域辽阔,各地区自然条件差异较大,在掌握共同规律的基础上,还要注意各地区的特殊规律,以便得出正确的判断。

5) 其他定向方法

丰富的地质景观为我们进行野外定向提供了很多方法。比如,在山地迷失方向时,应先登高望远,判断应该往哪里走。先爬上附近大的山脊上观察,然后决定是继续往上爬,还是往下走。通常应朝地势低的方向走,这样易于碰到水源。顺河而下最为保险,这一点在森林中尤为重要。俗话说:"水能送人到家",因为道路、居民通常是濒水临河而筑的。

在山地,若山脉走向分明、山脊坡度较缓,可沿山脊走。因为山脊视界开阔,易于观察道路情况,也容易确定所在位置。山脊还有一定的导向作用,只要沿山脊前进,通常可到达某个目的地。

在广阔平坦的沙漠、戈壁或茫茫的林海雪原上行进,缺乏定向的方位物,人们在上述地区一般不会走直线,通常右偏。一般人的左步较之右步稍大 $0.1 \sim 0.4$ mm,因而行进中不知不觉便转向右方。步行者通常以 $3 \sim 5$ km 的直径走圆圈,即俗话说的"鬼打墙"。为了避免走弯路、浪费时间,在沙漠、戈壁或密林中行进,依照一个确定的方向做直线运动非常重要。在上述地区行走,可利用长时间吹向一个方向的风或迅速朝一个方向飘动的云来确定方向。迎着风、云行走或与其保持一定的角度行进,可在一定时间内保证循着直线前进。也可使用"叠标线法",即每走一段距离,在背后做一个标记(如放石头、插树枝,或在树干上用刀斧刻制标记),不断回看所走的路线上的标记是否在一条线上,便可以得知是否偏离了方向。

在森林里行进,高密的树冠遮天蔽日,根本看不到日月星辰。进入森林时,为避免迷失方向,应把当地的地形图看清楚。特别要注意行进方向两侧可作为指向的线形地物,如河流、公路、山脉、长条形的湖泊等。注意其位置在行进路线的左方还是右方,是否与路线平行。如发现迷失方向,应立即朝指向物的方向行进,一直走到为止,再判定方向。

在森林中迷失方向,应先估计,从能确定方位的地方走出了多远,然后寻找身边便于观看的树干,用刀斧刮皮作环形标记(即把树干周围的皮都刮掉,以便从任何方向上都能看到),再根据自己的记忆往回走。如果找不到原来的地点,折回标记处再换一个方向重新试行。最后,总能找到目标。

3.1.3 天文定向

太阳、月亮、星空也是我们寻找方向的重要选择。

3.1.3.1 太阳定向

1) 钟影法

假设我们没有手表,没有指南针,现在是上午,艳阳高照。我们想知道哪边是南面。晴天朗日,用几根小棍和一条绳子就可以画出太阳影子的路径,从而记录太阳的运动轨迹来确定大致的方向。但请记住,这种方法只能给出一个粗略的方向,只有在春分和秋分这两天才足够精确。我们知道,太阳是由东向西移,而影子则是由西向东移。例如,早晨6:00,太阳从东方升起,一切物体的阴影都倒向西方;中午12:00,太阳位于正南,影子便指向北方;傍晚18:00,太阳指向正西,影子则指向东方。因此,可以利用太阳和物体的阴影概略地测定方向。

钟影法的基本操作步骤:用一根标杆(直杆),使其与地面垂直,把一条短树枝放在标杆影子的顶点处(图3.11(a))。约10min,标杆影子的顶点移动再放一条树枝,将两点连成一条直线,这条直线的指向是东西方向,垂直的方向是南北方向,向太阳的一端是南方,相反方向是北方。

标杆越高、越细、越垂直于地面,影子移动距离越长,测的方向就越准。特别是中午12:00前后。如中午11:30和12:30这两个时间的影子长度几乎相等,顶点的连线刚好指向东西方向,连线的垂直线也能较准确地指出南北

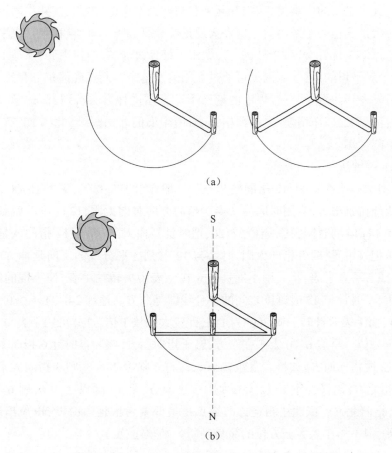

图 3.11 钟影法
(a)方法 1;(b)方法 2。

方向。

更精确的方法(图 3.11(b)):把一根短杆插在地上,观察一下它的影子有多长。在短杆上系一根绳子,绳子另一端系一根稻草或者别的类似的小棍,把绳子绷紧,使之和影子一样长。以短杆为圆心、以影子的长度为半径,用稻草画出一道弧线,再把稻草插在影子的末端。太阳继续升高,影子会移动而且越来越短,过了中午,影子会再次变长,静静等待,直到影子和刚才我们画的弧线重合,此时影子的长度和我们刚开始测量的时候一样长。用一根稻草或者小棍在这个点上做好标记。把短杆所指示的圆心和这两根稻草连线的中点连接起来,这条线就正好指示着南方。我们都知道太阳从东边升起、从西边落下,但是如果不借助设备,基本上很难仅仅通过太阳判断出方向,除非有长期的经验和非常费神的努力。其中主要的困难是,太阳升起来和它在天空中的位置其实并不固定,每年只有两天是真正的东升西落。这两天便是春分日和秋分日,被称为昼夜平分点,大约是每年3月21日和9月23日,太阳正好经过赤道,白夜平分,都是12个小时,在绝对平坦的地区,这两天可通过太阳的升落来判断正确的东方和西方。

另外还要注意,回归线以南的地区不适合用这种方法辨别方向。如夏天在我国台湾嘉义、广东南澳岛、广西梧州、云南个旧的北回归线(北纬23°27′)以南地区不能使用。

2) 时钟法

"时数折半对太阳,12指的是北方",一般在上午9:00至下午16:00之间可以很快地辨别出方向,用时间的一半所指的方向对向太阳,12时刻度就是北方,如下午14:40的时间,其一半为7:20,把时针对向太阳,那么12指的就是北方,或者是把表平置,时针指向太阳,时针与12时刻度平分线的反向延伸方向就是北方;或者平置手表,将一根小棍垂直立在手表中央转动手表,使小棍的影子与时针重合,时针与12时刻度之间的平分线即是北方。地球24h自转360°,故1h为15°,而手表时针转一周360°为12h,即较太阳快1倍,这样可用手表与太阳粗略测定方位。早晨6:00太阳在东方,影子指向西方,将表盘时针6指向太阳,表盘上12便指向西方;如将表盘顺转90°,即将6除以2为3,则3指向太阳,此时12便指北方;同样在中午12:00,太阳位于南方,将12除以2为6,则6指向太阳,12指向北方。依此法测定方向缺点是最好要考虑地方时差,以免出现方位的偏差,但不妨作为大概方位的简易判断。必须注意:

(1) 判定方向时,手表应平置。

(2) 在南、北纬20°30′之间地区的中午前后不宜使用,即以标准时的经线为准,每向东15°加1h,向西15°减1h。

(3) 注意当地所在的时区。

3.1.3.2 月相定向

月亮的起落是有规律的。月亮升起的时间,每天都比前一天晚48~50min。例如,农历十五的18:00,月亮从东方升起。到了农历二十,相距5天,就迟升4h左右,约于22:00在东方天空闪现。月亮"圆缺"的月相变化,也是有规律的。农历十五以前,月亮的亮部在左边。上半个月称为"上弦月",月中称为"圆月",下半个月称为"下弦月"。每个月,月亮都是按上述两个规律升落的。利用月亮测定方位见图3.12和表3.1。

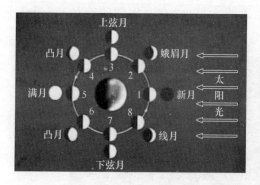 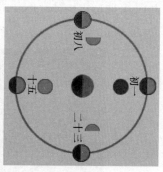

图 3.12 月相定向法

表 3.1 月相定向法

项　　目	月相	☽	☽	○	☾	☾	●
	名称	新月	上弦	满月	下弦	残月	朔
	农历	初四	初八	十五	廿三	廿七	初一
月升时间		东方	9:00	12:00	18:00	0:00	3:00	看不见
月过中天时间		南方	15:00	18:00	24:00	6:00	9:00	
月落时间		西方	21:00	24:00	6:00	12:00	15:00	

此外,还可以根据月亮从东转到西约需 12h,平均每 1h 转 15°这一规律,结合当时的月相、位置和观测时间,大致判定方向。例如,晚上 22:00,看见夜空的月盘是右半边亮,便可判断是上弦月,太阳落山是 18:00,月亮位于正南;此时,22-18＝4,即已经过去了 4h,月亮在此期间转动了 15°×4＝60°。因此,将此时月亮的位置向左(东)偏转 60°即为正南方。

3.1.3.3 星座定向

星座导航:利用星辰辨别方向具有局限性,尤其是阴天多云时,夜空中的星辰很难清楚看见。不过,条件允许时某些星辰可以指示精确的方位。恒星之间相对位置固定,从地球上看上去,它们总是在夜空中处于一定的位置。北半球有许多整夜都可观察到的星座,它们围绕着一颗不动的星星旋转,那就是北极星,它几乎正指着北极。在南半球,可以南十字星座来确定方向。

1) 北极星定向法

北极星在地球北极的正上方,是正北天空中一颗较亮的恒星,找到了北极星,就找到了北方。生活在北半球的人,在晴朗的夜晚,一般都能看到北极星。

寻找北极星首先要找到北斗七星,它们是大熊星座的一部分,与北极星总是保持着一定的位置关系而不停旋转。当找到北斗七星后,沿着勺头两星连线,向勺口方向延伸,约为勺头两星距离的 5 倍处,有一颗较明亮的星,就是北极星(图3.13)。

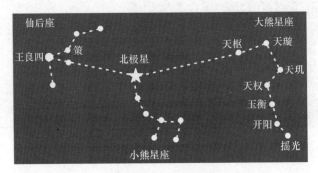

图 3.13 北极星定向

有些地区在冬季,或者受到高山的遮挡,有可能看不到北极星。此时,应根据与北斗星相对的仙后座寻找北极星。仙后座由 5 颗与北斗星亮度差不多的星组成,形成"W"形。在"W"缺口的前方,约为整个缺口宽度的两倍处,即可找到北极星。

2) 猎户座定向法

在黑夜的天幕上,无论在南半球还是北半球,都可利用猎户星座来确定方向。猎户座由 4 颗明亮的星组成,腰带是 3 颗并排的小星,通过小星作一假想的横线即为天球赤道,再经小星作一条垂直于天球赤道的线即为南北方向线,猎户座头部那端指向正北,脚部那端则指向正南(图3.14)。

图 3.14 猎户座定向

3）南十字星座法

南十字星座位于南半球,可用于测定南方。在北纬 23°以南地区,上半年可利用南十字星座判断方向。南十字星座不如北极星那样易于查找辨认。南十字星座主要由 4 颗明亮的星组成,4 颗星对角相连成为十字。利用南十字星座辨别朝南方向的时候,可以沿着十字的长轴向外延伸画一条虚拟延长线,长度约为十字长轴的 4.5 倍,终点处即为大致的南方(图 3.15)。

图 3.15　南十字星座定向

4）经度和纬度

经度就是地图上从南极到北极的垂直线条,通常用度或者时间来表示,起点是英格兰的格林尼治;纬度就是和赤道平行的水平线条,在北美洲通常利用北极星来定位。有了经度和纬度的知识,当一个人遇到沉船或者坠机等紧急情况而且幸免于难的时候,获救的概率会大大增加。

（1）北极星位于北极点正上方 90°的地方。

（2）赤道上方北极星与地平线齐平,是 0°。如果我们站在赤道和北极点之间 45°的地方,北极星就在我们眼前 45°的位置。只要能看到北极星,仰角是多少度,测量者在的位置就是多少度。图 3.16 展示了如何利用手边随处可得的物品来粗略测量纬度。

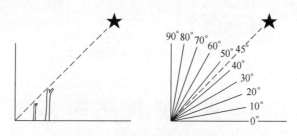

图 3.16　利用树枝粗略测量纬度

当我们找到北极星的时候,还可以粗估一下所在的纬度。所在地点和北极星的连线与地面所成的夹角差不多就是所在地的纬度。

5) 星星的运动

星星的运动也可用于判断方向位置。利用约 15min 观察两个不同的固定点上方的星星,可以看出星星一直在运动。北半球的星星运动规律如下:

（1）如果看到星星升起,说明朝向东方;

（2）如果看到星星落下,说明朝向西方;

（3）如果看到星星右移,说明朝向南方;

（4）如果看到星星左移,说明朝向北方;

（5）南半球的星星运动规律与上述相反。

3.1.4 星空定向教学模拟系统

星空定向教学模拟系统可用于星空定向的训练考核,也就是对参训人员夜间利用月相及星座定向技能的训练和考核。该系统主要由暗室、计算机及相关软件构成。暗室有很强的遮光效应且在上方设置穹顶投影幕,可最大限度模拟夜间环境;计算机中的教学训练软件可根据年、月、日及夜间不同时段,实现月相变化以及星座形态和位置的变化,参训者在训练考核中可根据拟定的时间和投映在暗室穹顶幕上的模拟夜空来辨别方向,参训者辨别的结果同后台数据相比对,之后可由系统给出成绩。星空定向模拟功能实现如图 3.17 所示。

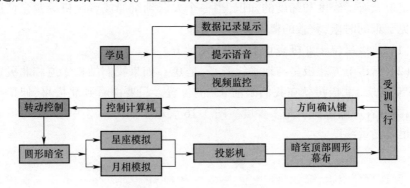

图 3.17 星空定向模拟功能实现

3.2 联络呼救

无论是在陆地还是在海上,遇险飞行员如能迅速确定自己的方位,及时发出求救信号,吸引搜救人员的注意并取得联络,那么获救生存的概率会大大提高。无数搜救事例证明,即使理想状况下,从空中搜索发现地面或海上的一个或几个遇险人员甚至一架飞机,都并不容易。因此恰当地把信号发送出去将大大增加遇险飞行员被营救的可能性。而信号的有效与否,取决于使用的信号联络器材、所处的环境及发出时机,所以要先做好发送信号的准备工作。

(1) 待在原地。展开搜救后,一般会先从遇险飞机最后一次出现的地方开始寻找。如果当前位置不能满足生存需要或由于一些别的原因要离开原地,一定要留下一个地对空信号,标明移动的方向,并留言告诉救援人员行进计划。如果一定要移动位置,前往高地或找一大片开阔地,从那里发送信号。

(2) 选择合适的地点铺设和发送信号,可能的情况下多准备几种信号。要保证铺设的信号在24h内都有效,发送信号的地点应该位于一大块无论从哪一个角度都能看见的空地上,也不能处在任何物体的阴影里。

(3) 避免浪费一次性的信号装置,如光烟信号管、信号枪、烟火信号等都是一次性的,只有当你听见或看见搜救飞机、船只或人员后,并且确定他们正朝你的方向走来时再点燃信号装置。

(4) 时刻做好发送信号的准备,事先了解、准备好信号装置,确保在搜救人员靠近时立即投入使用。在求生状态下,几秒钟的时间可能就是生与死的界限,因此千万不能将时间耽搁在准备或搭建信号装置上。

3.2.1 制式装备

飞行人员个人救生装备是遇险后机组人员赖以维持生存、以待救援的必需用品。其中包含呼救联络器材,供遇险飞行员呼救和与搜救人员取得联络并显示自己的位置。我国飞行人员呼救联络装备主要包括手持救生电台、光烟信号管、太阳反光镜、救生信号枪、闪光标位器、海水染色剂和救生口哨等。

3.2.1.1 手持救生电台

手持救生电台简称手持台,是最重要的联络器材,用于遇险飞行员在脱离飞机稳定着陆后迅速、安全地向救援人员发出呼救信号,尽快与其建立通信联络,报告其所在位置,引导救援飞机前来实施救援,是地对空远距离求救联络的无线电通信器材,也可用于地对地通信联络。它有效范围广,可发射求救信号,也可与搜救人员直接通话联络,还可设置10种短消息进行数据发射。联络距离会因搜救飞机的高度、天气、地形、丛林密度及干扰情况而异。如在山林地区的联络距离与平原地区相比,要缩短1/2~2/3。当救援飞机在高度3000m飞行,电台距地面1.5m高处时,地空信标联络距离大于120km,通话联络距离大于90km,数据联络距离大于120km。地对地联络距离不小于1.8km。

1) 使用方法

跳伞或迫降着陆(水)后,经过半小时,预计营救飞机已经起飞,即可打开救生电台。为节省电池,可以间断开启或按照与营救飞机事先协调好的时间开机。与飞机沟通联络后,再使用目视联络器材显示自己的位置。

(1) 将软天线拧下,装上拉杆天线,全部拉出并保持垂直状态,将电源开关置于"开"位。

(2) 信标/调幅话:将工种开关转向"信标/调幅话"位。按下"PPT"键,距送话器4cm处讲话,手持台发送声音;按下"信标"键,手持台发射信标。

(3) 应答/声码话:将工种开关转向"应答/声码话"位。可应答机载台的探询,也可接收声码话;按下"发话"键,口对送话器讲话,发射声音。

(4) 选择工作频率:按"工种"键,"选频"二字亮,按"确认"键,显示器上有一组数字(或字母)闪烁,按"↓"或"↑"及"确认"键,即可选定工作频率。

(5) 选择短信:按"工种"键,再按"↓"键,"短信"二字亮,按"确认"键,显示器上有一位代表短信的数字(或字母),按"↓"或"↑"键选择,再按"确认"键选定该短信。

(6) GPS定位/查看:人工定位时,将工种开关置于"应答/声码话"位,按"工种"键,再按"↑"键,"定位"二字亮,按"确认"键,显示器显示"GPS",开始接收GPS信息,此时将手持台平放(正面朝上)。"定位"二字灭后,可按"工种"键或"↓""↑"键,使"显示"二字亮,再按"确认"键,即显示GPS信息,按"↓"或"↑"键,可查看"经度""纬度"或"时间"。

2) 性能特点

由于救生电台特定的用途和使用环境要求,决定了它不同于一般通信设备的独有特点。

(1) 体积小、重量轻:为了最大限度减少遇险人员的负担,手持救生电台均采用高性能元器件,使设备重量轻、体积小,确保手握使用方便,携带方便。

(2) 抗环境应力性能:救生电台除能承受振动、冲击、碰撞、低气压、离心、运输等机载和地面环境应力外,还具备较强的抗霉菌、烟雾、沙尘、噪声、炮击震动、爆炸性大气等特殊环境条件下的防护能力,以确保在各种严酷环境条件下均能正常使用。还应确保在海水中浸泡一段时间后,内部不进水,并能保持正常工作。

(3) 高性能电源:体积小,容量大,可在-60~60℃范围内储存,在-30~50℃范围内确保正常使用。使用寿命长,储存寿命可达10年以上。

3) 注意事项

(1) 选择地势较高和比较开阔的地方发信号,有效传输距离更远;

(2) 发送信号时,切记不要让身体、衣物、树叶等接触天线,以免降低信号联络距离;

(3) 为了节省电源,可以间断开机。

3.2.1.2 光烟信号管

光烟信号管是一种昼、夜间均能使用的目视求救联络器材,一般在见到营救飞机、舰船或救援人员后使用,以其发出的红色烟雾或红色火焰来显示自己的位置。

光烟信号管每套含发光管和发烟管各2支,平时存放在一个共用把手内。把手的中间有一分隔,将把手的内空间分隔为两端,一端存放发光管,另一端存放发烟管。两端的开口处各有一盖帽,存放发光管端的盖帽上有施放插座,在夜间可凭这一特征区别发光管和发烟管。施放方式为擦发式,发火头和鳞片均防水,如被浸湿,用衣物擦干即可。光和烟均为红色,发光和发烟持续时间均在20s以上。在能见度大于10km、风速小于4m/s的气象条件下效果较好。飞机高度为1000m时,白天用发烟管联络,可见距离达8~11km,夜间用发光管联络,可见距离达30~36km。

1) 使用方法

将管口的盖帽打开,取出发烟管或发光管插在施放插座上,取下套在上面的磷片,擦划药柱上端的药头即可点燃。由于在燃烧过程中飞溅的残渣温度较高,施放时应用手向外上方成45°角并举在身体下风向,以免烫伤自己或损坏救生船。用过后的药柱外壳,要待其冷却后才能用手拔下,在有水的地方可插入水中迅速冷却。

2) 注意事项

(1) 在救生船上使用时,应尽可能远离船身,防止火焰残渣烧坏救生船;

(2) 擦划引火药头时要注意用力,如果擦不燃,可用抗风火柴点燃;

(3) 保存时应注意防潮防湿;

(4) 烟、光停止释放后要等药柱完全冷却再取下,以防烫伤。

3.2.1.3 太阳反光镜

太阳反光镜是一种昼间目视求救联络器材,利用反射的太阳光束,以显示遇险人员的具体位置,只能在有阳光的情况下使用,特别适用于海上和沙漠救生。

太阳反光镜由镜面、瞄准装置和保护玻璃组成,三者合为一体。瞄准装置采用多孔光回归原理,位于镜面的中央。在晴天时,水面能见度大于10km;如果空中救援飞机高度1000m,可视距离大于11km。只要太阳高度高于反光镜镜面,即太阳光线与镜面有一个入射角,则高于地平线的空间均在联络范围之内。反光强弱在不同方位有所不同,应加以注意。当救援飞机位于太阳和遇险飞行员之间或太阳位于飞机和遇险人员之间时,反光强度较大,利于搜救人员发现目标。

1) 使用方法

先将太阳光反射在附近的地(水)面上或自己的手上,通过反光镜的瞄准器观察地(水)面或手上的反光,即可在瞄准器中见到一个异常明亮的光点,在保持光点不丢失的情况下慢慢转动反光镜,通过瞄准器中心的圆孔,将光点对准要联络的目标进行联络。

2) 注意事项

(1) 为避免太阳反光镜掉在地上打碎或落入水中,使用时应将其绳索套在脖颈上,这样也方便随时使用。

(2) 在太阳位置接近天顶的时候,很难通过瞄准器观察地(水)面的反射光斑。这时可直接将反光镜贴近眼睛,通过瞄准器对向太阳,慢慢上下转动镜面,待瞄准器中出现亮斑后,再转动镜面用亮斑去对准要联络的目标。

3.2.1.4 救生信号枪

救生信号枪是一种夜间目视求救联络器材,遇险飞行人员可用其发射信号弹来显示自己的位置。救生信号枪配11mm红光救生信号弹5~7发,垂直向上发射高度约90m,空中燃烧时间约6s,在天气晴朗的情况下,夜间联络距离大于20km。

使用时先将扳机拉下并卡住,然后将信号弹拧在枪口上,右手握其底端垂直向上举起,举过头顶用拇指拨动扳机发射。在扳机未拉下卡住的情况下不能上信号弹,否则可能造成意外走火伤人。

3.2.1.5 闪光标位器

闪光标位器是一种夜间近距离使用的目视求救联络器材,以频闪灯发出的闪光来显示自己的位置,同时具有照明和闪光两种功能,除在夜间作联络用外,紧急情况下还可作照明用。

闪光标位器利用一节3V的锂电池作电源,闪光频率为30~50次/min,其"照明—闪光"功能的转换由按钮式开关控制,按第一下为照明,按第二下为闪光,按第三下关闭。夜间在天气晴朗的条件下联络距离约5km,连续使用时间约15h。为保证其联络功能,不要轻易作照明用。当发现营救飞机时,先用闪光显示自己的位置,当营救飞机要进入悬停吊救时,为避免强烈的闪光刺激营救机组人员的眼睛,应及时将闪光改为照明继续显示位置。

3.2.1.6 海水染色剂

海水染色剂是一种昼间目视求救联络器材,以改变附近水面的颜色来显示自己的位置,只能在水面上使用。

海水染色剂的主要成分是荧光黄钠盐。当把它投入海水,会快速扩散,使水面呈现翠绿色,并能在阳光下发光。在无大风浪时,一包染色剂散播直径可达50m,持续时间为1h或更长。而汹涌的海面会形成一个长条形色带,维持20min即消散。在能见度好的情况下,飞行高度为300m时,地空联络距离为8km。

1) 使用方法

看到搜救飞机后,撕开外包装纸,将装有染色剂的纱布袋的系绳拴在救生船把手上,纱布袋投入海中,划动救生船使周围海水均匀染色。染色剂在使用后,剩余部分应重新包好。

2) 注意事项

(1) 在天气非常阴沉、浓雾或风大浪高的情况下,其应用效果不佳。

(2) 避免在救生船上打开染色剂,因为洒漏的粉剂会渗入衣服,沾污手、脸、头发,并可能最终污染食物和水。

3.2.1.7 救生口哨

救生口哨为一种地对地近距离音响求救联络用品,在密林中的联络距离约300m。当遇险人员听到附近有呼叫声而自己无力高声回答时即可用其进行联络。国际公认的哨声求救信号是每分钟吹6下,间隔1min后再重复。

3.2.2 就地取材

手机作为日常通信工具,在遇险后没有损坏且有信号的情况下,应立即打给掌握你行踪的指挥员。如果手机信号微弱,可以尝试发送短信求援。如果无法发出短信,还可以打给救援机构,通常报警110、消防119和医疗急救120,这几个急救号码在信号微弱的情况下都能打通。如果在山林地区,尽量到高处试试,通常会有微弱信号。求救时,切忌慌乱、语无伦次,尽量清晰地报告现在的情况,包括遇险情况、方位、人数、受伤情况、装备情况、急需什么样的帮助等信息。避免环境对手机的损坏,并要注意保持手机电量,要做好坚持几天的准备。

引起别人注意的方法一般有两种,即视觉和声音。不同的情况下采用的途径不同,但不管采取哪种方式,都要考虑自己所处的环境和可使用的材料。其中烟火和信号镜是仅次于无线电的最佳联络手段。

3.2.2.1 烟火信号

烟火是最有效的视觉求救信号,通常是在固定于某地等待救援的时候使用。夜间可使用火焰进行联络。生用于发信号的火堆时,要考虑自己所处的地理位置。应尽量选择在宿营地附近的制高点或开阔地带点火。比如,在丛林里,就要找一片空地或在溪水边生火,否则火堆会被丛林里的树叶遮掩住,也可能会引发森林火灾,甚至威胁到遇险飞行员自身的生命安全。如果没有天然的空地,可以临时清理一片出来,或者给每堆火围堵小墙,以防火势蔓延。

1）三堆火

按照国际通行的方法,将三堆火摆成一个三角形,三堆火之间距离最好相等,或将火堆排成一条直线。如果条件不允许,不能同时确保三堆火都燃烧起来,那就集中全力保护好一堆火。火堆燃料的选择应易于点燃,并具有能快速燃烧的特点,因为有些机会转瞬即逝。可以使用汽油,但不可将汽油直接倾倒于火堆上,应该用一些布料做灯芯带,在汽油中浸泡后放在燃料堆上,注意点燃前要先将汽油罐转移至安全地点。点燃之后如果火势不稳即将熄灭,添加汽油前要确保添加在没有火花和余烬的燃料上。火堆周围备放一些青绿的树枝,或者油料橡胶之类的物品,在需要时可以引燃它们放出浓烟。随时准备妥当,保证燃料干燥,一旦有飞机经过,就尽快点燃求助。

2）锥形火

先搭建一个三脚支撑物,上面设置一个平台安放火种,平台可使火种与潮湿的地表隔开,也可在上面放置更多的燃料。为确保点火的及时,平时可用绿色树枝将其覆盖,用色彩鲜艳的东西如降落伞覆盖,这可使火种保持干燥易燃,在白天更能引人注意。一旦看到救援人员,便可迅速撤收覆盖物,然后点火。

3）火炬树

如果附近有棵独立小树,点燃它也是一种吸引救援人员的方法。含有树脂的树木容易被点燃,即便它们是绿色的、潮湿的。其他类型的树木,为了能够点燃,可在树枝上堆放一些干燥的小树枝,点燃这些引火物进而使整棵树燃烧产生浓烟。如果小树已死亡,可从根部将其点燃。在燃烧过程中,可以添加更多的干树枝,这样可以产生更多的烟,信号更容易被发现。

4）利用残骸

如果遇险飞行人员与坠毁的飞机在一起,并且没有起火,可以在金属残骸上堆放燃料、汽油和易被点燃的液体,这利于隔离潮湿的地面,增强对流,使火焰更加明显。如果放入轮胎以及绝缘品可以产生浓烈的烟雾。

5）白天通常使用浓烟作为信号

三个烟柱形成的三角形也是一种国际求救信号。用烟做信号的一个重要考虑因素是烟雾要与周围环境形成强烈对比,这样更易引起注意。若在雪地或沙漠中,黑色的浓烟最有效;而在绿色的森林里,白烟更容易被发现。如果想得到黑色的烟雾,可以往火上加一些汽油和橡胶。如果想要白烟,可在火堆中放一些绿树叶、绿草、苔藓或蕨类植物。晴天用白烟效果较好,阴天用黑色烟雾看得更远。

3.2.2.2 信号镜

在阳光明媚、天气晴朗的白天,任何能反光的东西都可以作为反光镜使用,比如玻璃、金属片、发动机罩、轮机罩、硬币、信用卡、手表、珠宝首饰等。也可以临时把水杯、皮带或其他的类似物磨光,让它们也能反射阳光。理想状况下,高空中的飞行员能在160km之外看到镜子的反光。

虽然有条件临时制作信号镜,但还需要通过练习才能熟练运用。具体方法如下:用一只手将镜子捏于食指和拇指之间,将阳光反射在另一只手的手心,并将这只手的拇指和食指作V字形。同时移动阳光的反射点和手,直到将救援人员或飞机对准在V字内。此时,将阳光的反射点移动到V字间,对准目标。因为镜子的反光在很远的距离外都能被看见,即使没有看见任何前来救援的交通工具,也应该在白天每隔一段时间就用这样的简易信号发送装置向四周地平线扫一圈。在陆地上,可以轻轻摆动镜子,使发送的信号中带上一点移动。在海上,将镜子拿稳,让反射出的光线和水波的运动区别开来。如果有飞机靠近,快速发射出信号光,一旦确定自己被发现就将镜子放下,否则这种光线可能会影响飞行员的视线。

3.2.2.3 地对空信号

地对空信号是一种极其有效的信号。在比较开阔的地面,如草地、海滩、雪地上可以利用手边可用的树叶、岩石、灌木、雪块等,把它们组成特殊的求助符号或者较大的几何图形。在灌木丛生的地方,可以在灌木丛中砍出一个便于求助的图形,砍掉后可以有选择地烧掉一些灌木,使得图形更加清晰可见;在草地上,可以将青草割成一定标志;在雪地里,可以用脚使劲踩出一些符号或图形;在戈壁或沙漠中,可以用砾石、植物、杂草等直接来拼成图案;如果在苔原地区,可以按照标识符号挖掘沟渠或将草皮挖翻过来。另外,降落伞张开挂于树枝上或铺开在地上也可以成为醒目的目标,起到联络的作用。

但要想取得效果,图案信号的尺寸与比例、角度、对比度、摆放位置、代表意义等各项都很重要(表3.2)。

(1) 尺寸与比例。信号图案越大越好,并具有适当的比例。要想取得足够效果,图案的尺寸至少要达到长5.4m、宽0.9m(6∶1)。例如"L"形的底线长5.4m,其垂线就应当更长(8.1m),保持2∶3的比例使该字母匀称。

(2) 角度。大自然中很少有天然的直线和直角,因此,求生者应在求生图案信号中利用直线和直角,更能引人注目。

(3) 对比。信号图案应当与周围环境形成鲜明的对比,比如绿色草地上使用白色图案。

(4) 摆放位置。信号的摆放位置最好选择空旷的开阔地,一是有利于信号从各个方向都能被看到,二是有利于救援飞机的降落。

(5) 意义。如果有可能,信号应向救援人员传递有关求生者处境的信息。

表 3.2　信号意义及相应的代码、符号

信号意义	代码、符号	信号意义	代码、符号
需要援助	V	飞机机体严重受损	「
不能行动	X	这里可以着陆	△
不、否定	N	一切都好	LL
是、肯定	Y	需要食物和水	F
向此方向行进	↑	需要地图和指南针	
请指明前进方向	K	不明白	⅃L
需要医生	I	需要机械师	W
需要药品	II	需要燃油和滑油	L

3.2.2.4　旗语信号

在空旷高处,将一面旗子或一块色彩鲜艳的布料系在木棒上,挥舞木棒,在左侧长划,在右侧短划,加大动作的幅度,做"8"字形运动。如果双方距离较近,不必做"8"字形运动,一个简单的划行动作就可以,在左侧长划一次,在右边短划一次,前者应比后者用时稍长。这通常是在确认搜救人员已经到达附近的时候使用。

3.2.2.5　身体信号

如果处于空旷环境,当救援飞机接近时,人体的姿态也是一种求救信号。在发出身体信号时,所做动作幅度要大,并保证动作的准确性。

如图 3.18 所示,仰面向上躺着,手臂向后伸直,表示你需要医疗救助。

如图 3.19 所示,如果想告诉飞行员降落的位置,就蹲下指着那个适合降落的方向。

图 3.18　医疗救助需求

图 3.19　降落位置指示

如图 3.20 所示,立正站好,两个大臂端平,左前臂向下,右前臂向上,表示"一切都很好,不必等待"。

如图 3.21 所示,立正站好,双臂端平,表示需要机械上的帮助或者一些零件,可能会耽误很久。

图 3.20　一切顺利　　　　　　　图 3.21　延长时间

如图 3.22 所示,立正站好,两小臂上举超过头顶,表示想被飞机接走。

如图 3.23 所示,用双手拢住耳朵,表示手头有一个电台。

图 3.22　离开信号　　　　　　　图 3.23　拥有电台

如图 3.24 所示,立正站好,左大臂端平,左前臂向下,右臂端平,表示很快就能出发,飞机可以等一会儿。

如图 3.25 所示,在头顶左右挥动双手,告诉飞机不要试图在你所在的位置着陆。

如图 3.26 所示,在肩膀左右挥动双手,表示否定。

如果空中搜救人员接收到你的信息,会采取一定的方式做出反应。白天时左右晃动机翼,夜间发射绿色信号弹均表示理解了你的意思;白天飞机盘旋,夜间发射红色信号弹则表示没有理解你的意思。

图 3.24 很快出发

图 3.25 勿着陆

图 3.26 否定

3.2.2.6 闪光信号

在夜间,手电筒发出的光可见度极高。如果携带手电筒,当有救援飞机或搜救人员出现时,及时打开灯光。国际通用的 SOS 求救信号是三次短闪,三次长闪,三次短闪。为了保存电力,可以让灯光亮灭交替闪烁。

3.2.2.7 声音信号

近距离时,呼叫和打口哨也可以引起搜救人员的注意,三声短,三声长,再三声短,间隔 1min 之后再重复。也可用其他物品制造声音,例如:用两根棍棒相互敲打,用木头、金属敲打树木或草叶打出呼哨等。

第4章 野外工具使用技能

在千百万年的进化中,人类由于会使用工具,才从动物中脱颖而出,成为最能适应自然也最能改造自然的万物之灵。因此在野外生存的过程中,面对陌生恶劣的环境,能否熟练地制备和使用工具,对于生存救生的成败往往起到十分关键的作用。

4.1 野外生火

火对于野外生存至关重要。它不仅能够振奋人心,鼓舞士气,还能取暖、干衣、煮水,并且可用来发送信号和煮熟食物。因此,在野外生存必须懂得如何生火。

4.1.1 选择生火场地

如果计划在坠机现场附近生存待救,生火场地就可选在坠毁的飞机残骸附近。此时要注意飞机内残存的油料等易燃物,如果被引燃可能会引发大火或爆炸,因此要距离飞机残骸一定的距离。

生火场地附近应该有比较充足的生火材料。但要注意的是,在植被较多的野外环境下,稍有不慎就会引起山火,给自身带来极大的危险。在离火源中心至少1.5m的圆圈之内不得放置任何易燃物。燃烧木头的火势除了会发出噼噼啪啪的声音,火星子还会四处飞溅,在干燥的日子极易引燃四周的杂草,要十分当心。

生火往往是为了煮水、加热食物。这些都离不开水,因此生火场地可选在近水处。但若靠得太近,地面往往比较潮湿,给生火带来困难。所以最好把生火场地设置在与河流有一定距离的地方。如果坠机现场附近有水源,就不必离残骸太远,因为残存油料可作为燃料使用,为生火带来很大的便利。

要能够避免一些自然因素(如下雨、刮风等)的干扰,还应离自己的庇护所比较近(但是不能太近,以免威胁到庇护所以及在其中休息的人的安全)。生火场地应该是平坦、平整的地面。

4.1.2　生火地点的准备工作

(1) 清理出至少 $0.3m^2$ 的区域,要清除所有的树叶、灌木等。

(2) 如果是在降雪或者严寒的环境中,就必须搭建一个平台,在这个平台上生火,因为这样才能使火不被雪熄灭。

(3) 可以考虑建一面挡火墙,使火的热量能够反射到你所需要的地方。在离火焰约 0.5m 外的地上钉上两根木棍(每根木棍约 1m 高)。为了能够把木棍牢牢地钉在地上,应该把木棍的一头削尖。然后用大石块或者质地坚硬的木棒将木棍敲到土中去。然后在它们的前面约 1m 的地方再钉上两根以上的类似大小的木棍。收集到足够多的绿色原木(如你的手腕般粗细),把这些原木放到木桩之间,便可以形成一堵墙。为了取得最好的效果,钉木棍的时候可以使它们稍向前倾。这样火焰的热量会散失得慢一些。

4.1.3　火种与引火物

生火最重要的就是要有火种。打火机、火柴、镁棒点火器都属于人工火种,使用起来十分方便。但如果在野外生存时,身边没有这些物品,生火会很麻烦。因为我们在荒野中不可能一直待在一个营地,如果我们要到达下一个营地,重新生火会耗费大量时间和体力,如何在没有打火机、火柴和镁棒点火器的情况下使用携带火种呢?

1) 使用火种

(1) 飞机上的电瓶可以产生电弧,用以点燃蘸过燃油的抹布,如果迫降后,飞机的电瓶仍然可以放电,可以采用这种方法生火。但注意应把电瓶拆卸并远离飞机的残骸,否则可能会引燃泄漏油料导致火灾或爆炸。

(2) 信号弹是最佳火种,但使用时必须注意,决不能浪费,因为它们的主要功用是联络呼救,不到万不得已不要使用信号枪或光烟信号管生火。火管信号器或 AP 昼/夜信号器的夜间发火端都是随时可用的极好火种。

(3) 凸透镜产生火种。任何一个直径为 5cm 或更大些的凸面镜(如望远镜片),在明亮的阳光下用来聚集太阳的光线,使之照射在准备好的引火物上便可点燃引火物。用放大镜(凸透镜)透过阳光聚焦照射易燃的引火物(腐木、布中抽出的纱线、撕成薄片的干树皮、干木屑等)取火,为人所熟知。利用放大镜取火最为迅速的是照射汽油、酒精和枪弹的发射药或导火索,可在 1~2s 内点燃引火物。此外,放大镜透过阳光聚焦照射,还可将受潮或被水浸湿后晒干的火柴点燃。放大镜是一种重要的引火工具。如果没有现成的放大镜,可从望远镜和瞄准镜、照相机上取下一块凸透镜来代替。

2) 携带火种

(1) 可以找一块干的比较粗的木头,最好是树根,密度不要太大,密度太大的容易灭。然后引燃之后把明火灭掉,只剩火星闷烧。这样你可以携带一段很长的距离,等快燃尽的时候,引燃下一块,这样反复,就可以携带很远的距离。但是边走边看不要让火星灭掉,快灭的时候,对着吹气让其燃烧一下。等你需要引燃的时候,只要把引火物放上去,然后对着吹气,就可以点燃引火物。

(2) 用竹筒,树皮卷成筒也行,黏土手工做成筒或盆状也可以。筒状物一头完全通风,另一头留一半通风口。先放半湿可燃物(腐烂的树叶、苔藓等),然后放火种。等里面开始冒烟,再用泥土封口一半。这种携带方式一般一次能携行 2h 左右。

(3) 可以找一块引火菌,就是树上长出来像一个大蘑菇的东西,特别大也比较硬。找到之后,用火星将其中间位置引燃出一些火星。然后吹气让其往里面闷烧,如果要往背包里放,可以往闷烧的地方放一些绿苔藓,这样就可以防止引燃背包。一般一个这样的引火菌可以闷烧四五个小时。最早原始人就已经这样携带火种了。等需要点燃引火物的时候,将引火物放在上面,然后吹气让其点燃引火物。

3) 引火物

引火物包括:干草、干枯的树叶、所有植物的绒毛(柳絮、杨絮)、干苔藓、干蘑菇等具有纤维状纹理的干燥易燃物,撕成薄片的卫生纸、餐巾纸,干成粉末状的草食动物的粪便,树皮的薄片(只用自然脱落的树皮)。

如果无法找到好的易燃物,可以使用下列物品:本身衣服的小部分(如口袋内衬、领巾手帕等);飞机残骸中的各种油料和易燃物,如煤油、润滑油脂、液压油等,座舱座椅的衬垫物,海绵、机务抹布。

4.1.4 火床

如果所在区域的地面比较潮湿泥泞,就要搭建一个火床,以隔离引火物、燃料和潮湿的地面。我们可以搭建不同类型的火床。

(1) 干燥的树皮。

(2) 干燥的、不容易透水的石头。注意,被水长时间浸泡过的石头在遇到高温的时候容易爆裂,所以不要使用这样的石头来搭建火床。

(3)湿地里搭建火床使用的材料一般是绿色木材。为了搭建这样的火床,需要收集一些如手腕般粗细的绿色原木,然后将它们劈开或者砍成方便使用的小段(约3英尺(1英尺=30.48cm)长)。你可以用两排绿色原木来建造一个边长为3英尺的火床。上面的一排原木要和下面的一排呈垂直排列。

(4)在雪地里建造火床与在湿地里的方法一样,只不过使用的材料是枯死的树木的枝条或者木棒。

4.1.5　刀具与火石碰撞点火

大家都有这样的经验,当用铁锹、锄头挖地碰上坚硬石头时,会冒出火花。用一块坚硬的石头砸向另一块坚硬的石头,有时也能冒出火花。击石取火,是人类最早的取火方法。

如图4.1所示,找一块坚硬的石头作为"火石",在"火石"周围放上引火物,用刀背、斧背、铁锤等铁器敲打"火石",使"火石"迸出的火花落到引火物上,当引火物开始冒烟时,慢慢地吹或煽,使其燃起明火。如果"火石"打不出火来,可以另外找一块石头试试。实际上,击打普通石头取火并不容易,因为并不是击打任何一块石头都能冒出火花的,即使能冒出火花,若热量不够,火星不强,或时间过短,一闪而过,都不可能点燃引火物。真正能取火的石头是产于石灰沉积岩中主要成分为二氧化硅的燧石。用燧石击打铁硫磺矿石冒出的火花,落到干苔藓、细干草、树皮等引火物上,能引着火。据考证,除我国古人外,古代的希腊人、罗马人、爱斯基摩人、印第安人也都掌握了这种方法。

图4.1　"火石"点火

4.1.6 火犁

使用火犁生火的基本规则是:需要产生摩擦,以及一些易燃物,可在自然界就地取材(图4.2)。

(1) 获取木材。需要找到两块枯死的干木头,木头要比较柔软,但没有腐烂。雪松、丝兰、椴木、白杨和许多其他软木种类都可以。将大块的木头放在地面上,并将小块的木头用作"犁"来回移动。

(2) 做一个槽。将较大的木块侧放在地面上,如果有工具,可以预先凿一个槽,也可以在犁柄上雕刻或用砂纸摩擦一个凿子形状的点。

(3) 在较大木块的一边来回使劲摩擦,这样就可以在较大木块上形成槽并开始摩擦生热、冒烟。

(4) 形成槽以后,来来回回更加用力地摩擦犁柄,以便在已经烧过的槽中产生巧克力色或棕色的灰尘。

(5) 如果灰尘堆在停止摩擦之后仍在冒烟,那么就有了灰烬。将槽中的灰烬铲出来,放在易燃物中,然后将易燃物吹得燃烧起来。

这样就能利用火犁成功引火了。

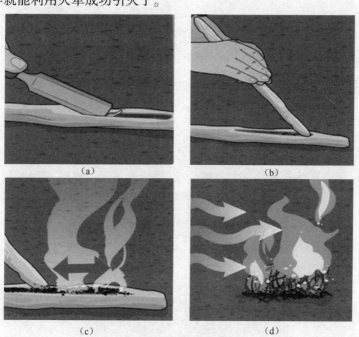

图4.2 火犁生火
(a)引槽;(b)摩擦;(c)生热;(d)起火。

4.1.7 钻木取火

1) 搓钻取火

如图 4.3 所示,把一块中间有圆孔、质地较软的木头平放在地上,然后取一根圆硬木棍,下端插入圆孔内,双手飞快地搓动木棍的上端。不停地转动摩擦使木屑的温度升高,再配以吹气引出火苗。直接用手搓动木棍十分简便,但往往会擦出一手水疱,对新手来说,可采用弓钻取火的方法。

2) 弓钻取火

取强韧的树枝或竹条,将鞋带、绳子或皮带绑在树枝或竹条上,做成一把弓。在弓上缠一根干燥的木棍,用它在一块木头上迅速地旋转,这样会钻出黑色粉末,最后这些黑粉末会冒烟产生火花,点燃引火物(图 4.4)。

图 4.3 钻木取火

图 4.4 弓钻取火

4.1.8 镁棒点火器

镁棒,又叫阳极棒、打火石,是户外生存常用取火装备,是一种以镁元素为主的金属棒,无论在什么条件下都能够生火,通常有镁条、镁棒、镁块等(图 4.5)。

图 4.5 镁棒点火器

镁棒点火器在野外生存时十分实用,它不会自燃或被火点燃,只有按照特定的方法,才能将镁粉引燃;若是将镁棒点火器丢在水里后,再将它捞起来擦干,一样可以使用。

镁棒点火器的使用方法如图4-6所示。将镁棒的底边顶住地面,用刀刃在镁棒上刮下一些镁屑,要注意的是,在刮镁屑时,刀刃应与镁棒呈垂直方向。然后将刮下的镁屑集成一小堆放近易燃物旁(纸张、树叶、小树枝、树皮等)。将镁棒的一边顶住地面呈45°角左右,离刚才所刮下的镁屑约2.5cm,用刀刃快速地刮擦才能有效地刮擦出火星,刀刃要与刮擦面呈垂直方向。如此便能引起火星,而将镁屑燃烧,最终成功引火,如图4.6所示。

图4.6 镁棒点火器的使用方法
(a)刮镁屑;(b)刮擦火星;(c)点燃引火物。

4.1.9 火堆

当引火物燃烧,并且已经产生了一定的火焰后,就应该用火焰引燃火堆了。尽管有不同类型的火堆,但我们主要介绍最典型的圆锥形火堆和金字塔形火堆。

1) 圆锥形火堆

圆锥形火堆能够提供比较集中的热源,如果要生火做饭,这种火堆是最合适的。在小火苗的旁边按照圆锥的形状搭起柴火,直到火力足够强并且能够持续燃烧为止(图4.7)。当柴火比较少或者天气状况不是太恶劣的时候,这是一种理想的搭建火堆的方式。

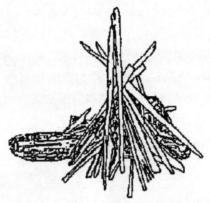

图4.7 圆锥形火堆

2) 金字塔形火堆

如图4.8所示,金字塔形火堆能够提供光和热以及做饭所需的火床。将柴火一层层地垒起来,上面一层和下面一层呈垂直状。不论是在较好的气候条件下还是在糟糕的天气状况下,金字塔形火堆都是可以采用的,但是在柴火比较稀缺的时候就不宜搭建这种类型的火堆。

图4.8 金字塔形火堆

需要注意的是,在庇护所附近应储备更多的柴火且保持干燥,不因其他原因而失去燃烧的能力。如果柴火湿了就把它们放到火堆旁,让它们烤得干燥些。

4.1.10 照明火

在漆黑的夜晚,没有电筒、蜡烛、油灯时,可采取自扎火把的方法解决照明。

在竹子较多的区域,可把竹子剖成细长的竹篾,然后把适量的竹篾捆在一起,点燃后即成照明火。行走时,可将竹篾绕成圆圈套在肩膀或扁担上,用手举起火头照路,然后随烧随放,直至把竹篾圆圈放完。一个长篾火把可走 2.5~4km 距离,但太干燥的火把不经烧,可把它放在水中浸一下,以减缓燃烧速度。如果没有竹子,可用小树干、树枝、树皮、长草茎、麦秆、稻草等材料制作火把,我国北方常见的桦树皮是制作火把的优质材料。

在有松树的地区,还可采用松明制作照明火。松明是松脂汁渗进松树中形成的,一般长在比较粗大和老朽松干的断枝处,颜色类似于肉色,非常容易识别。取用松明须剖开松干,然后用刀斧把它削下来。松明燃烧时,火力强,时间久,是过去许多山民常用的照明材料。

4.2 野外工具制备

在迫降后,倘若受困于野外,而又恰好两手空空,没有任何防御工具,这是相当麻烦的。因此,平时掌握一些基本的野外工具制备技能是十分有必要的。下面主要介绍一下如何制作、使用简易的生存和防身工具,特别是就地取材制备工具。

4.2.1 切砍与挖掘工具的制备和使用

4.2.1.1 折叠野战锹

在野外执行任务时,拥有一把具备多种用途的、折叠式的折叠锹是十分重要的(图 4.9)。它主要用来挖掘沟壑、清理障碍以及锯砍树木等,而且还便于存放。使用折叠野战锹,还可以方便制备很多其他野外生存工具。

折叠野战锹在结构上主要包括锹头、钢锯、开瓶器、六方扳手、镐头、起钉器和砍刀。锹把由两节不锈钢棒组成,并可拆卸。它共有五种工作模式:铲子模式、锄头模式、镐头模式、锥刺模式和短柄模式。此外,其背面比较光滑,在必要的时候,还可以用来当作镜子。

4.2.1.2 临时刀具

要想在野外环境中生存下去,为了维持生命,就必须要配备刀具。当遇险飞行员陷入"割断这根绳索才能活命"的境地时,光靠双手很可能是办不到的,这时,如果有一把小刀,问题就迎刃而解了。在灾难中求生时,飞行员会遇到很多类似的情况。另外,刀具还是捕猎烹饪时不可缺少的。

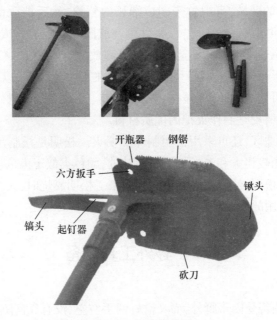

图 4.9 折叠野战锹

1) 野外刀具的用途

在野外生存中,刀具十分重要,它的主要作用包括:

(1) 砍伐树木。

(2) 刀具捕猎。

(3) 利用刀具制作其他工具,例如石斧制作,利用树棍、绳子和石块制作。

(4) 刀具生火等。

2) 刀具的种类

救生用的刀具通常包括折叠刀、猎刀、救援刀、多刃刀具等(图 4.10)。折叠刀便于携带,有弹出机构。猎刀用途比较广,全面兼有狩猎、防身和生存的功用。救援刀通常也可折叠,功能更多,通常包含安全带切割器和窗户破碎器;手柄上的皮带使之便于携带,并可在瞬间拔出来使用。多刃刀具集钳子、螺丝刀和手锯甚至开瓶器、指甲剪于一体,最典型的多刃刀具就是瑞士军刀,俗称迷你工具箱。

3) 野外刀具的制备

在野外,部分损坏的工具也是最值得利用的。若是发现有一截打碎的玻璃,可以把它捡起来做成一把粗糙但有用的刀,但在使用前一定要用布包住一端作为手柄(图 4.11)。

折断的匕首,虽然已经折断,但毕竟它曾经是一把匕首,可以用一段树棍和

第4章 野外工具使用技能

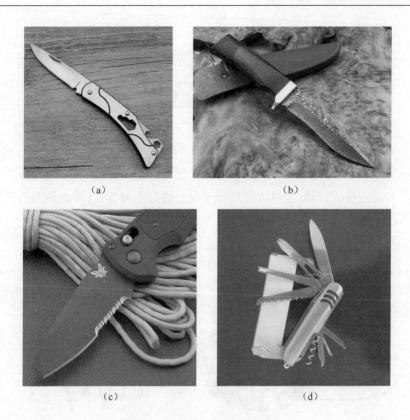

图 4.10 救生刀具的主要种类
(a)折叠刀;(b)猎刀;(c)救援刀;(d)多刃刀具。

图 4.11 将碎玻璃做成刀具

一根鞋带简单捆扎,或是用硬纸片或粗布和鞋带简单捆扎,就可以得到一把看上去很难看,却绝对锋利、坚硬的匕首(图 4.12)。

4) 刀具的使用方法

(1) 砍伐树枝时的方法:尽量用刀刃中间部分来砍,注意四肢要远离刀具,尽量顺着木头的纹理按 45°角来砍,这样可以防止刀刃弹起伤到自己。砍伐树枝时的握法如图 4.13 所示。

图 4.12 损坏的匕首制作刀具
(a)损坏的匕首;(b)粗布;(c)制作成的刀具。

若木头较粗或较硬,还可以使用锤子或石块敲击刀背,这样能使刀刃更轻松地劈砍开木头或竹子(图 4.14)。

图 4.13 砍伐树枝时刀具的握法　　图 4.14 借助石头砍伐

(2)削的方法:这种方法一般是用于对细小的树枝、竹枝进行加工和雕刻,比如制作捕猎捕鱼的叉子和矛。用大拇指慢慢推刀刃(图 4.15),此时用小刀比大刀更好。

如图 4.16 所示,切细木块或竹子时,可以把木块或竹子的一端夹在手肘内部,这样会比较方便(切粗木块时也可以使用这个方法)。

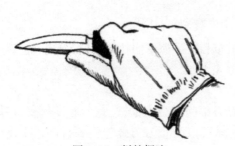 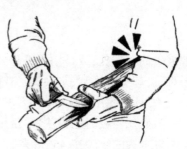

图 4.15 削的握法　　图 4.16 切削时身体的配合

(3) 切割方法：切割时也要注意尽量使刀子远离手指和四肢，在肢解时尽量顺着动物的肌肉纹理和骨骼方向进行；切碎时则要与肉的纹理垂直来切，这样能方便加工入味和咀嚼进食。切鱼或肉时刀具的握法如图 4.17 所示。

(4) 剥皮毛的方法：要在猎物的皮肉结合处下刀，此时有一点需要注意，当猎物刚死且身体还有余温时，剥皮是最容易的。剥动物皮毛时刀具的握法如图 4.18 所示。

图 4.17　切鱼或肉时刀具的握法　　图 4.18　剥动物皮毛时刀具的握法

5) 刀具的保养方法

刀身固定的刀子（不可折叠刀子）只需要在每次用完后用湿布擦拭一遍，然后在刀身上涂上一层刀油即可。折叠小刀和瑞士军刀的轴心和锁定装置会聚集有凝血和脏东西。如果刀子的把柄是塑料的，将其放在沸水中浸泡 1min，然后放在温水盆中（不要直接放在冷水里以免塑料皲裂）。用牙刷洗刷细缝处，来回活动轴心，等晾干之后再上油。用压缩空气清洁剂将污物吹出来。

清洁保养时要注意：

(1) 不要将未彻底清洁干净的小刀存放在皮套中，这可能会使小刀生锈或者变色。

(2) 不要用水清洗胶质刀把。胶质材料会吸收水分，从而导致开裂。

(3) 不要用热水清洗木质刀把。如果木质刀把皲裂或者过于干燥，则用油脂涂抹。

(4) 上油之后勿再触摸刀刃或者金属部件。这样会留下盐分和酸性物质，导致金属发生氧化反应。

刀具的保养一方面需要清洁，另一方面需要定期打磨。磨刀能使刀的寿命大大延长。磨刀石分为粗制磨刀石、一般磨刀石和精制磨刀石。一般的刀具使用者有一块一般磨刀石就足够了。如果没有磨刀石，也可以用平滑的石头（如较大而平滑的鹅卵石或砂岩)和皮革代替。用石头磨刀前要将石头用水沾湿，用皮革磨刀时要利用皮革的粗粒面。而如果有两把以上的刀具，还可以用"一把刀的刀刃在另一把刀的刀背上打磨"的方法。

4.2.1.3 石质工具

在野外生存中，就地取材制作石质工具十分必要。石质工具取材十分方便，如果掌握技巧，能够很容易加工成石斧、石刀和石矛。

1) 一般方法

制作石质工具，通常采用打、削、刮和磨的方法。打，就是用一块石头打击另一块石头，把石头不规则的边角敲掉，留下主要部分制成工具。削，用尖石等在石头上刻磨一条深沟，用木楔等插入沟槽，切削成所需形状。刮，用坚硬的尖石、薄石片刮石头，制成箭头之类的器具。磨，在粗糙的沙质石头上反复磨制，使石头工具锋利、光滑。石质工具如图4.19所示。

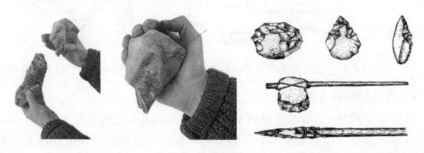

图4.19 石质工具

2) 临时的石刀或石锤

击打石块(如黑曜石)，使其裂开，会出现一个锋利的边缘。这可以当作一把天然的石刀，用于简单的切割。石块背面可以当作锤子来使用。此外，灵活运用"打、削、刮、磨"的方法，还可以制作出各种石器，比如石斧、石矛。

4.2.2 投射工具的制备和使用

4.2.2.1 弓箭制作

弓箭的发明是人类技术的一大进步。恩格斯在其重要的著作 *Origin of The Family , Private Ownership and State*(《家庭、私有制和国家的起源》)中就认为，人类社会蒙昧时代的高级阶段是从弓箭的发明开始的。因为有了弓箭，猎物成了容易获取的食物，而打猎也成了常规的劳动。

弓箭是由弓(由有弹性的弓臂和有韧性的弓弦构成)和箭(由箭头、箭杆构成)两部分组成的复合工具，这种复杂的复合工具可以利用机械存储起来的能量。当人们用力拉弦迫使弓体变形时,就把自身的能量储存进去了;松手释弦,弓体迅速恢复原状,同时把存进的能量猛烈地释放出来,遂将搭在弦上的箭有力地弹射出去。这种对机械能量的利用,使弓箭成为获取食物的有力帮手。中国古代脍炙人口的"后羿射日"的传说将工具的巨大威力演绎到了极致。

由于时代的久远,史前时期人们使用的完整的弓箭已难觅其踪,弓臂、弓弦和箭杆早已荡然无存,今天只能从这些形状各异的箭头(镞)来想象先民狩猎时的英姿。距今6000多年的西安半坡遗址中出土的箭头共288件,大部分为骨质箭头(图4.20)。如果我们身处在同祖先生活类似的野外环境中,也可以借鉴祖先的智慧,利用大自然提供的材料就地取材,制作简易弓箭。

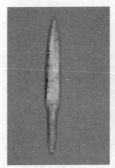

图4.20　西安半坡遗址出土的骨质箭头

在野外生存的过程中,如果条件允许可以就地取材制作简易弓箭。简易弓箭对于捕猎,特别是捕获大型动物以及抵御大型野生动物的侵害具有重要意义。野外环境中,制作简易弓箭的材料通常选用木、竹、兽骨。

选择制弓木料时,长度以大约120cm为宜。进行外形加工时,首先,可以使其中间部分的宽度达到5cm,再把两端修理成为1.5cm的尖端。其次,在两端各挖出一道深度为1.25cm的深槽,紧接着绑好弓弦。最后,在整个弓身上面涂抹油脂或者动物脂肪。

就弓弦而言,尽管可以使用粗绳或者细线一类的材料。但是,最理想的材料仍然非生皮条莫属。绷紧弓弦时,它仅仅承受了很小的拉力;一旦准备射箭,自然就可以拉出一个满弓。接下来,可以把弓弦缠绕于两端,并且打结固定。

制作箭体时,可以选择长度与直径分别为60cm与6mm的木材,尽可能选用那些光滑而又笔直的材料。在其一端凿刻出深度为6mm的凹槽,以此容纳弓弦。制作箭羽时,可以使用羽毛、毛皮、纸张、轻质布料甚至修剪后的树叶。如果能够沿着中心线劈开,就可以把一根羽毛一分为二,此时最好使羽毛每一侧面的羽茎管留出来2cm的长度,以求与箭体密切结合。最理想的情况是在箭杆末端配上三枚箭羽,即均匀地分布于整个箭体的横截面。箭头的制作材料可谓多种多样,如锡、燧石、骨头甚至于烧黑的木头,箭头的种类如图4.21所示。最后,千万不要忘记在每一支箭的尾部刻上一道凹槽,以便于整个箭体能够顺利地搭放在弓弦上面。

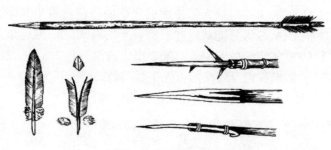

图4.21　箭头的种类

当然,还有很多方法来制作箭。比如,用刀具将小木棍或是小竹棍削尖,配以羽毛,也能制成一支箭。

射箭时,首先把一支箭搭在弓弦上面,抬起弓的中心部位使其与眼部平齐。再用左手(假如习惯使用右手)握住位于弓腰部位的箭体,使其位于左手的顶部。保持该姿势的同时,用另外一只手(即右手)向后拉扯弓弦。此时,应当使整个箭体与眼部平齐。

最后,用箭头瞄准目标以后,放开弓弦。放松弓弦时,要求士兵们干净利索地完成整套动作。倘若进行狩猎,最好随身多带几支箭。妥善的方法是将它们全部放置于箭筒内,以此保持干燥。

4.2.2.2　弹弓制作

中国古代有一种可以"射"的工具,就是弹弓(图4.22)。弹弓的原理与弓箭的原理相同,都是利用弹射力来进行发射,只是弹弓用的是弹丸,而弓箭用的是箭。古代很早的时候就已出现了弹弓,据《吴越春秋》所载《弹歌》:"断竹,续竹;飞土,逐宍。"诗歌以二字短句和简单的节奏写出了砍伐竹子、制造弹弓、射出弹丸、射中鸟兽的狩猎过程。弹弓制作和携带都比同为投射工具的弓箭更方便,因此其在野外生存时,对于捕猎小型动物和防身具有重要的价值。

弹弓的制作方式如下:

步骤一:寻找质地较为坚硬的Y形树杈,打磨一番,作为弓架。

步骤二:安装带有皮兜的皮筋。

(1) 钻孔:在弓架顶端附近分别钻一个直径稍微小于皮筋的小孔。

(2) 穿皮筋:用剪刀将皮筋的末端剪成斜尖,并将皮筋穿过小孔,然后将皮筋斜尖剪去。

（3）止动：制作两个一端尖的止动塞，将其塞入每根皮筋的末端。

 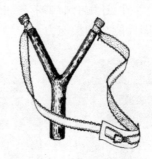

图 4.22　弹弓

当然，也有的在弓架顶端不钻孔，直接削成一个凹槽，将皮筋固定在凹槽里。这都是可行的。

4.2.3　携行工具的制备和使用

在执行一些风险性比较大的飞行任务时，应该做好飞机可能迫降并进行长时间野外生存的准备。野外生存的必需品很多，如果都拿在手中或放在衣兜里会严重妨碍正常的行动，还容易导致物品损坏。因此在野外生存时如果能预先准备好或就地取材制备携行工具，将十分有助于飞行员在野外生存下去。背包和背架都是野外生存时常用的携行工具。

4.2.3.1　背包的制备与使用

如果在执行飞行任务时允许携带背包上机，那么飞行员可根据飞行空域下方的野外环境选择不同种类的背包。例如在执行飞行任务前，可以选择容量为20L 的小型背包，也可以选择容量为 100L 的大型背包，一般来说，尽量选择小容量的背包。如果仅仅需要 40L 的物品，而选择了一个容量为 100L 的大背包，那么人们往往会把这个背包装满，这也就意味着不仅携带了许多本来并不需要的物品，而且额外增加了整个背包的负担。

1）H 形骨架背包

如果准备携带大量物品进行长途跋涉，那么最好选用 H 形骨架背包，这也是目前进行野外生存、户外运动时的主流背包（图 4.23）。H 形骨架背包的一个突出优点就是，长时间背背包的时候背部感到十分舒服。此类背包的携行结构也很有特点：侧面口袋可以用来十分方便地放置一些常用物品；侧面压缩口袋可以用来平均分配整个背包内部的重量，同时也可以用来放置辅助器材；底部口袋不仅可以起到平均分配背包内部重量的作用,也能够为寻找存放于底部的那些物品提供极大的方便;可扩展顶部护罩可以用于增加背包的容量。整个背包均为双线缝纫,此外,还配有捆绑带与加固扣眼。所有这些技术措施大大增加了整个背包的牢固性能与防护能力。

图 4.23　H 形骨架背包

2) 马蹄形背包(简易布包)

除了上述肩背式背包以外,还有另外一种背包——马蹄形背包。这种背包的制作如下:首先,在地面上摊开一块 1.5m×1.5m 的方形布;其次,把所有的物品都放置于该布的一侧,紧接着用布把所有的物品卷起来,慢慢地卷向另外一侧;再次,把两端系紧以后,再把整个长度分为三等份,用两根绳子分别捆扎起来;最后,把两端拉到一起,并且捆扎起来。这样就制作出一个小型、紧凑、背负舒适的马蹄形背包(图 4.24)。如果需要,还可以把它从一个肩膀调换到另外一个肩膀。如果没有方形布,也可以用多余的衣服代替。

图 4.24　马蹄形背包

4.2.3.2 简易背架的制备与使用

在物品较多或体积较大而又没有制式背包的情况下,可就地取材利用粗树枝制作简易背架。如图 4.25 所示,可用两根 Y 形的树枝做一个筐状的背架。在这两根树枝的上下分别绑另外两根直的树枝,形成主要框架。用绳子把中间缠好,用布或绳子做好肩带部分。最后再用布或绳子做出放东西的空间即可。干树枝比刚刚锯下的树枝更结实些。

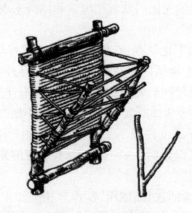

图 4.25 简易背架

4.2.3.3 使用携行工具时的注意事项

为了防止长时间负重导致背部、腰部受损,背负背包时遵循以下负重原则:

(1) 尽可能减轻负荷。每人的最大负荷应当是体重的 1/4。严禁向背包内塞入无用的物品,换言之,仅仅携带必需物品。

(2) 负重点尽可能高一些。适当调节背包的位置,使其靠近背部,但不得限制双臂的血液循环。

(3) 装入物品时,应当保持整个背包的平衡。一定要使金属物品或者坚硬物品远离背部,以求舒适的背负姿势。

(4) 如果环境潮湿或天气多雨,要尽量把所有的物品用塑料袋或塑料布包裹。

(5) 把不经常用的物品放置于背包的底部。

(6) 如果是 H 形骨架背包,应把炉灶、燃料以及行走过程中经常需要使用的物品放置于侧面袋,以便取用。

(7) 短暂休息时,一般不卸下背包,这是因为再一次背起沉重的背包可能会非常困难。与之相反,当躺下时,完全可以把它当作一个靠垫,或者就地坐下来时,使它紧紧地靠在一块石头或者一段木头上面。

4.3 绳索与结绳

"绳"与"神"谐音,古文有记载女娲"引绳于泥中,举以为人""上古结绳而治,后世圣人易之以书契"。可见,中国自古就有关于绳索与结绳的文化,而且在实际生活中,上古时代的先民们就常用绳索和结绳来表达思维、传递信息和帮助记忆。

在航空救生领域,我军也早在20世纪90年代就将救生绳索确定为多种地域环境下系列配备的救生物品之一。遇险飞行员在野外需要等待救援或继续行进的过程中,绳索都可能起到至关重要的作用,正如海洋插图画家赫维·史密斯在 The Marlinspike Sailor(《马林斯派克水手》)一书中所写:"绳子可能是人类最了不起的发明"。一束纤维也许做不了什么事,但是,当纤维纺成纱线、纱线拧成股线、股线编成绳子或绳索时,一种曾经微不足道的东西就会变得强大而灵活,创造出无限的可能性。

下面将主要介绍绳索的选择、使用、制作等相关知识以及常用的结绳方法,为飞行员掌握在遇险情况下的野外生存和生活必备技能提供参考。

4.3.1 绳索

4.3.1.1 配备和选择绳索

我军为飞行员配备的系列救生物品中,选择的绳索为JSH-1型救生绳索,主要由主绳、胸绳、控速环组成。主绳长度为46m,抗拉强度为300kg,有效负重为120kg。控速环为铝制圆环。救生绳索可用于飞行员跳伞后进行生存、生活、救生的多种场合,如下降、攀爬、渡河、搭建庇护所、捕猎捆绑、制作工具等。

在主动进行野外生存训练、执行特定任务或其他允许选择绳索的情况下,要依据地域、气候以及用途的不同,选择不同种类和规格的绳索。如在气候湿润的地域,甚至要考虑绳索重量、材质和吸水性。一般情况下,应用比较广泛的是尼龙绳,它具有强度高、韧性好、重量轻、耐磨等诸多的优点;但尼龙绳也有可能不利于特定生存环境和用途的缺点,如遭遇潮湿后易变光滑、受热易软化、尺寸稳定性不佳、抗低温性能不佳,甚至遇锋利物相对容易突然断裂等。绳索的尺寸规格,通常情况下,尽量选择直径大于7mm以上的绳索使用,如在登山或投掷时,用来固定身体的绑绳可选择粗约9~10mm的绳索。在允许携带的情况下,应携带长约30~40m的绳索。在野外渡河时,投掷绳可选择长度为25~30m、直径为7~10mm的绳索;捆绑绳可选择长度为6~10m、直径为10~15mm的绳索;拉合绳可选择长度为 10~15m、直径为 15~20mm 的绳索。

4.3.1.2 绳索的制作

在被动需要野外生存或其他不具备绳索的条件下,有时还需要临时制作一些绳索。我们的祖先在生活实践中从大自然中获得了许多现成的线绳和绳索,如植物中的藤蔓、芦苇、草根和草茎;动物制品中的生皮或筋膜等。从传统医学和一些土著文化中发现早期人类甚至用蜘蛛丝来捕鱼和包扎伤口。几十万年前,甚至几百万年前,人类就开始意识到可以从动物的毛发和组织中提取纤维,还可以从一些柔韧植物的外皮和叶子中提取纤维,如龙舌兰、香蒲、印度大麻、椰子、棉花、一些树木干燥的内树皮等,将这些天然纤维一层一层缠绕起来,可以形成一种极具韧性和多样化的材料,那就是一直沿袭到今天并得到广泛使用的绳子和绳索。总之,用来制作绳索的材料最好能具备以下四个基本特点:

(1) 足够长,这样能使绳索制作起来更简便;

(2) 足够强韧,不容易被拉断;

(3) 足够柔软,在将其打成结后不会被折断;

(4) 在将材料缠绕在一起时能产生足够的摩擦力让纤维相互咬在一起。

任何符合上述四个特点的材料都能用来制作绳索。制作绳索时先将选择的材料搓成一长条单股线,然后用手掌在大腿上将材料搓揉到一起,并不断在空闲的一端加上更多的纤维,直至得到一整根足够长的绳索。最后就能根据需要、用途或承载的重量,将这根搓好的绳索做成双股、三股和四股绳了。

4.3.1.3 盘绳方法

1) 常规盘绳方法

(1) 盘绳步骤。

步骤一:左手拿起绳索一端,右手将绳索向后捋,直到完全伸展双臂,然后捏住绳索,交给左手,并握住(图 4.26(a))。

步骤二:重复步骤一,直至绳索全部盘好(图 4.26(b))。

步骤三:将绳头打结固定(图 4.26(c))。

(2) 绳头打结方法。

方法一:将两个绳头合在一起,在绳盘上缠绕几周,最后在绳盘顶打结固定。

方法二:将绳索在绳盘中央折回,并把留下的末段绳头缠绕在折回处,然后将绳头插进折回点,拉紧折回点的另一根绳,使绳头紧紧卡住。

(3) 注意事项。每次交给左手的绳子必须依次排列,并一颠一倒地握住(即上一次交绳时保持两手拇指在同一个方向,下一次交绳时拇指方向相反)。这样排列的绳盘最不容易乱。

(a)

(b)

（c）

图 4.26　常规盘绳方法
(a)步骤一；(b)步骤二；(c)步骤三。

2）水手盘绳方法

水手盘绳方法是另一种比较常见的盘绳方法(图 4.27(a)～(c))。

步骤一：用手和手肘将绳子盘起。

步骤二：盘好后将绳子末段折起来，把弯折的部分从下向上卷起。

步骤三：最后把绳子前端从内部掏出即可，做成的绳套可以把整根绳子挂起来。

4.3.1.4　绳索的使用

1）投掷

在野外生存生活或执行任务，如遇到攀登、渡河、越过沟壑等情况使用绳索时，往往需要将绳索一端投掷到目标处。可按如下步骤实施：

（1）投掷步骤。

步骤一：在绳端系上一个合适的投掷物。

步骤二：将绳索绕圈放在地上，或者将绳索稍微松散些环在另一只手上，以

第4章 野外工具使用技能

(a)

(b)

(c)

图 4.27 水手盘绳方法
(a)步骤一;(b)步骤二;(c)步骤三。

便投掷时不会产生阻力。

步骤三:将身边的这端绳索系在一个锚上,如一个大石头上,打一个锚结。

(2) 注意事项。

如果绳索粗重,当绳索掷过身体前上方的树枝时可能会荡回原处,要注意及时避开,如果用绳索扔救生带,要防止击打到求助者。

2) 攀登

在野外,有时需要利用绳索进行攀登。首先,要将绳索投掷出去,并固定在坡顶;然后,实施攀登。陡坡不太高时,可以尝试直接拽着绳索攀登;坡太高、太滑、太陡,而没有把握直接拽着绳索攀登时,可以利用普鲁士结或绳梯进行攀登。

(1) 普鲁士结。普鲁士结又称普鲁士抓结,用这种方法打成的结具有承重时自动收缩、重量减轻时可自由活动(横向滑动)的特性,结绳方法如图 4.28 所示。

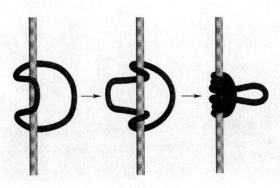

图 4.28　普鲁士结结绳方法

在攀登时使用非常方便,使用方法如下:

步骤一:在垂下的绳子上系好三根绳子,最上面的一根夹在腋下,剩下的两根分别套在左右脚上。

步骤二:攀岩时左右脚轮流承担身体重量(注意保持好重心及脚和腋下绳子之间的平衡),将未承重的脚上套着的绳子向上挪动,重心更换时,将另一根绳索上移。

步骤三:重复步骤二,直至登上目的地。

(2) 绳梯攀登。将两根绳子或一根较长的绳子分别放置一套木棍的左右两边,用"攀岩绳结"(又名"杠杆结")的方式在每根绳上打结,将木棍套在绳套中,就形成了简易的绳梯。同样的方法还可以用来做秋千。

3) 下降

野外生存时,有很多情况是需要我们从高处下来的。比如,到了山顶,需要下悬崖,或是好不容易穿越了险地,面前却是一个陡坡,绕行的路又太长,而且已经没有了给养和体力……这时候就可以利用绳索进行"之"字形下降。在下降时,两只手分别握住"之"字形绳索的两端,不断窜动绳索,使身体逐渐下降。

这种方法是通过绳索绕过人体而产生的摩擦力实现的,所以不能因为绳索磨、勒皮肤而改变绳索在身体上的位置。采用此方法下降时,应特别注意在下降过程中,时刻观察下降路线的情况,找好接力点。因为,如果是在比较长的陡坡下降,下降到一定位置时,绳索的长度可能会不够用,而这时也许正处于一个无法立足之地。

4) 渡河

在执行任务中,有时需要强行渡河。这时候,有效利用绳索来渡河是比较好的方法和途径。实施步骤如下:

步骤一:由能力最强者在身上捆好绳索渡河,其他人在岸上拉住绳索。一旦渡河者滑到或被水冲走,岸上的人迅速拉动绳索将渡河者拉上岸。

步骤二:按照步骤一,第一位渡河者顺利过河上岸后,解开绳索,与对岸的人一起控制绳索绑住其他人渡河;也可以将绳索固定在两岸的树干、巨石上,让渡河者双手抓住绳索交替过河。

步骤三:最后一个渡河者将绳索从树上解开系在自己身上,另一头绳索由已渡河者控制。一旦出现意外,可由岸上的人把最后一个渡河者拉拽上岸。

4.3.2 结绳

结绳的种类数以千计,结绳的方法更是千变万化,然而对大多数生存救生者来说,系太多的结是没有必要的,只要记住灵活实用的几种基本结法,比如称人结、接绳结、8字结、双重8字结、双套结等,然后善加活用,就足以在野外生存生活时应付各种状况了。

4.3.2.1 称人结

称人结应用十分广泛,名称也很多,在不同的地区和使用领域也被称作帆索结、布林结、单套结、船缆结等。原本出自海洋世界的称人结,英文名为"bowline",其中"bow"有"船首"的意思,是为了将升起桅杆的结索绑在船首旁而得名的。在日本,称人结被称为"船缆结",是由于此种结法用于船停泊时,将船系在桩子上或将船与船连在一起。

称人结曾被称为结绳之王,因为称人结的结法不仅在海上、丛林、沙漠等不同环境的生存、救生领域应用广泛,甚至各行各业或是在日常生活当中使用都很频繁。称人结在当绳索需要系在其他物体上,或者是在绳索的末端结成一个固定的绳环时使用。称人结因具备以下几个特征,而被人们经常使用。

(1) 宜解宜结,称人结的构造非常简单,很轻松地一下就可打好,而且悬挂过重的物品时,即便打结处变紧,也可以很容易地解开。

(2) 安全性高,无论悬挂多重物品,也无须担心会松开。它甚至可承受一个人坠落的重量。

(3) 用途广泛,变化多端,仅仅学会使用基本的称人结,就可以应用于多种状况,而且以此种结法为基本,衍生出各种不同的变化,使得它的使用范围更加宽广。

因此,我们把称人结叫作结绳之王。特别对于从事于大自然领域的户外专家而言,称人结可说是必备的结绳法了。

称人结的打法如图 4.29 所示,在绳索的中间打一个绳环,将绳头穿过绳环的中间,绕过主绳,再次穿过绳环,将打结处拉紧便完成。

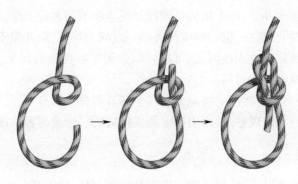

图 4.29　称人结

4.3.2.2　接绳结

接绳结的目的是连接两条绳索,因最常应用在连接船缆而得名。接绳结又被称为普通结、单偏结,由此可知接绳结是一个基本的结绳。接绳结的最大特征是打法简单迅速,而且即使不同质材、不同粗细的绳索也可以利用接绳结来连接。此外,接绳结的耐力很强,所以有时候也会作为拖引船只使用。再者,不论拉得多么紧,接绳结的拆解均十分容易。接绳结堪称海上生活的基本结,然而在山林的世界里却很少看到它的踪影,实在相当可惜,其实像帐篷或吊物的绳索要加长时,接绳结都可以提供很大的帮助。

接绳结打法如图 4.30 所示。将一根绳索(粗绳)的末端对折,然后把另一根绳索(细绳)从对折绳圈的下方穿过;把穿过的绳头绕过对折的绳索一圈;握住两端绳头拉紧结目。

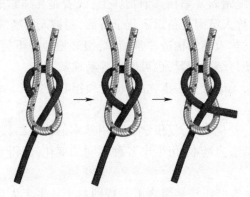

图 4.30　接绳结

4.3.2.3　8 字结

广为人知的 8 字结一如其名,它的结打好后会呈现"8"字的形状。不过在意大利，人们把8字结称为皇室结，因为结形正是意大利皇室家族徽章的模样。此外，8字结也象征着诚实的爱与不变的友情。所以也有人把8字结称为爱之结。8字结主要用于固定防滑，尤其对靠海维生的人而言，8字结的存在更是举足轻重。

8字结的结目比单结的大，适合作为固定收束或拉绳索的把手。8字结的打法十分简单、易记，它的特征在于即使两端拉得很紧，依然可以轻松解开。

8字结打法如图4.31所示，首先将绳端先行交叉，然后将一头的绳索绕过主绳，最后将绳头穿过绳圈后拉紧完成。这种方法在绳索较粗时适用。

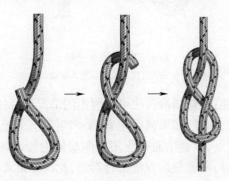

图4.31　8字结

4.3.2.4　双重8字结

在野外丛林生存时，由8字结变化而来的双重8字结用途更广。不论是做绳圈还是连接绳缆，双重8字结的效果均相当牢固可靠，因此在攀岩和其他户外生活场景中经常用到它。例如，利用双重8字结作固定的绳圈。双重8字结打法如图4.32(a)所示，将单根绳索对折打个8字结，拉紧结目，便形成双重8字结绳圈。

在绳索中间部分打个8字结，然后将绳头顺着结目从反方向穿过绳圈，也可以完成双重8字结(图4.32(b))。这个打法可以将绳索打在其他物品上，十分方便。由于双重8字结具备耐力强、牢固等优点，在安全方面非常值得信赖，经常被登山人士当作救命结绳使用。不过美中不足的是，双重8字结的绳圈大小很难调整，而且当负荷过重，结目被拉得很紧，或是绳索沾到水的时候，想要解开结绳必须花费一番功夫。

4.3.2.5　双套结

双套结也称为丁香结、卷结，在海上、露营、登山等户外场合应用广泛。其目的是将绳索卷绕在其他物品上，金属等易滑物品也相当适用。双套结的打法和拆解都很容易，它的特征是打法既快速又方便，而且可以从绳索的中部分开始打

图 4.32 双重 8 字结
(a)双重 8 字结打法 1;(b)双重 8 字结打法 2。

结,具备极高的安全性;双套结的打法可以因不同情况分开使用,就这点而言,它是个非常实用的结绳,不过,如果只在绳索的一端使力,双套结可能会乱掉或松开。为了避免这个缺点,双套结通常应用在两端施力均等的物品上。通常喜好攀岩的人士会用两个绳圈重叠的方法来打卷结,此时如果重叠顺序发生错误,攀岩活动就极容易发生危险。正因为双套结是个单纯的基本结,所以千万不可疏忽大意。双套结打法如图 4.33 所示;首先将绳在杆上绕一圈,然后绳头从杆上方再绕一圈,最后将其套进物体上重叠两端,拉紧便完成双套结。

图 4.33 双套结

4.3.2.6 剪立结

剪立结可用于将两根木材平行绑在一起,如加接桌脚等。剪立结打法如图 4.34 所示,起手时用双套结固定,根据需要把绳索绕圆木捆绑适当圈数,然后绳头从两根木材之间缠绕适当圈数并拉紧保护,最后仍用双套结收尾。

4.3.2.7 三脚支架结

组合脚架时,必须把绳索绑在两根圆木的顶端,不过如果绑得太紧,脚架会

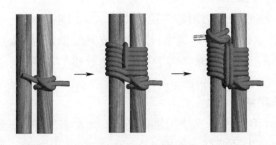

图 4.34　剪立结

无法撑开,而绑太松则会松垮无法使用,因此必须多加练习以抓到正确的松紧度。三脚支架结打法如图 4.35 所示,以双套结将绳索绑在一根圆木上,末端绕过主绳部分,将绳索有序地缠绕在三根圆木上,可以直接缠绕,也可以用 8 字形缠绕的方法;接着把绳索穿过圆木之间两圈左右;最后以双套结固定,便完成三脚支架结。

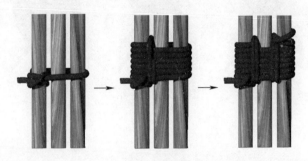

图 4.35　三脚支架结

4.3.2.8　方回结

方回结又称为正方形捆绑。方回结打法如图 4.36 所示:在正交叉的两根圆木上任选一根打一个卷结,将绳头先绕过预先放置好的横木的正面,再绕过预先

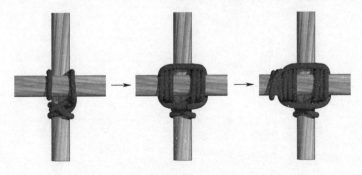

图 4.36　方回结

放置好的竖木的反面,而且必须始终拉紧绳索,需缠绕 3~4 圈;在两根圆木之间再缠绕 2~3 圈,收紧捆绑,拉紧绳索,横木会被紧紧捆绑住;最后在开始捆绑的木头上打一个卷结。正方形捆绑用于将两根木杆垂直捆绑在一起,另一种方法即十字结捆绑可达到同样的目的。

4.3.2.9　十字结

十字结又称对角线捆绑,常用于捆扎筏等,无论需要捆扎的两根木头是否成 90°角都可以使用。十字结打法如图 4.37 所示:首先用绳子一端在其中一根木头上以卷结缠绕,绳头横向穿过两根木头交叉处,缠绕若干圈;然后绳头继续竖向再次缠绕两根木头若干圈;最后在两根木头之间缠绕几圈作为保护,收尾时在其中一根竖木上缠绕若干圈,将绳头穿过缠绕的最后一圈拉紧完成。

图 4.37　十字结

第5章 野外防护技能

遇险飞行人员在野外求生的过程中经常会遇到各种意外状况,比如遭遇危险动物、迷失方向、体力耗尽、受伤生病、无法前进、前行不安全等,都迫使遇险飞行人员不得不停下来应对大自然的考验与挑战。掌握防昆虫、防野兽、遮挡日光、躲避风雨、防寒、防热等技能,对保证自身安全、恢复精力与体力至关重要。本章就从如何应对生物威胁以及地理环境考验两方面,谈一谈飞行员在野外环境下生存救生过程中的防护技能。

5.1 野外生物侵袭防护

当飞行人员遇险时,极有可能落入各种恶劣的自然环境,如热带丛林、高原、沙漠、海上或寒区等。这些地方都远离居民区,不仅吃、住、行都很困难,甚至要面临各种不同的野生哺乳动物、爬行动物、昆虫和海洋生物,这些动物都有可能伤害甚至杀死遇险者。那么熟悉各种动物的生活习性并采取一定的预防措施,学会与各种动物打交道,时刻对危险保持警惕,能够对付突然袭来的动物,也能化险为夷,遇险求存。

5.1.1 山林地区生物侵袭防护

5.1.1.1 大中型动物侵袭防护

说起山林野生动物,自然想到狮、虎、豹、狼、熊等大型猛兽……它们锐利的爪牙、凶恶的模样,无不使人感到胆战心惊。其实这种惧怕是不必要的,这些年来遇险生存事例证明,遇到猛兽的概率极小。所有的野生哺乳动物都会避免接触人类,它们仅仅在感觉到处于危险的时候才会攻击人,比如你使它们受到惊吓并且无法逃生。此外,在一些特殊情况下,如十分饥饿或受伤时,也会主动攻击人。

在山林中行走,可以采用大声讲话、唱歌、吹口哨、摇铃或撞击金属等方法吓阻动物的出现。对于溪潭、沼泽中的鳄鱼,可用木棍或石头在涉水前向水中抛击,将鳄鱼惊跑。

大型动物几乎都是怕火的,夜间休息时可在附近生火。制作吊床进行休息,也是可靠的防护方法。不要在休息的地方保留食物,因为食物或烹饪的气味很容易把熊吸引过来。睡觉的地方与做饭的地方要保持大约30m的距离,把食物装好悬挂在树枝上,要离地3m左右。

若真遇见野兽,千万不要惊慌,先采取静观态度,保持警惕,既不能主动发动攻击,也别马上逃跑,能做到这一点,安全就有了保障。生活在山林地区的动物,由于与人接触不多,还不知道人有多厉害,因而也不会贸然对人发起攻击。它若觉得有受攻击的可能,通常有一套防卫的动作,如咆哮、怒吼、尖叫,目的在于恐吓你,让你离开,进而还可能刨地、围着你转圈、挥舞爪子等,警告你快速离开。遇险飞行人员只要表现出比较强大、镇定自若,它就会觉得不是你的对手,感到害怕。此时如果做一些迷惑它的动作,它可能就会吓得落荒而逃。

如果站在你面前的野兽一动不动地盯着你看,说明你已处于警戒距离。此时最好的办法是站立与它对峙,千万不能示弱,更不能做出弯腰低头、蹲下、逃跳、转头等动作,否则它们会觉得像它平时捕食的猎物,会猛地扑上来。与野兽处于警戒距离之外时,可一边观察它们的反应一边不动声色地后撤,扩大与猛兽之间的距离,增加保险系数。后撤时,切不可把身体薄弱部位(如背部、颈部)暴露给野兽。

与野兽周旋时,可利用大树、巨石或其他有利地形进行掩护、躲避或捉迷藏,使野兽无法伤害你。奔跑逃生时采取S形或者急拐弯奔跑,相对容易逃生,因为人的奔跑速度远远赶不上野兽,如果直线逃生,很容易被追上。实在无法躲避而身上没有任何武器时,可爬到树上躲避。

如果突然遇到了野生动物的攻击,要拿出非凡的勇气顽强抵抗,并设法还击。动物学家认为,有些野兽在遇到猎物的勇猛抵抗时往往会失去继续捕猎的兴趣,从而放弃眼前令人讨厌的猎物,转而寻找其他容易到手的猎物。在没有刀、枪等有效武器时,可以使用木棒、树枝、带棱角的石块甚至手上的任何东西打击野生动物的关键性薄弱点,如头、眼睛、鼻子、耳朵、喉咙、腹部等要害部位,动物在这些部位遭到攻击时,出于自我保护,往往会退却。有些野兽不吃人,却非置对手于死地才会离开,这时亦可装死来迷惑。若经奋力搏斗,仍因力量悬殊,一切抵抗无效时,要尽力保护好自己的头、脸、腹等要害部位,以保性命。

如果被野生动物咬伤,不仅表现为伤处皮肤破损,严重时伤及皮下软组织,甚至局部组织缺损或撕脱,还极有可能携带各种细菌和传染病源,伤口遗留动物唾液、食物残渣或其他污物,这些都容易导致伤口感染,引起并发症,需要立即对伤口进行彻底的清洗处理。先用盐水反复冲洗伤口,再用70%乙醇或碘伏溶液对周围皮肤消毒。伤口较深时,用3%过氧化氢溶液冲洗,必要时扩大伤口。为防止狂犬病毒感染,可先用肥皂水反复清洗,持续20min,同时挤出伤口处的污血。不要包扎伤口,尽量让伤口裸露在外。一旦获救,尽早进行疫苗注射。

5.1.1.2 小微型动物侵袭防护

1) 毒蛇

毒蛇咬伤多发生于夏、秋两季。在我国70余种毒蛇中,分布较广、毒性较强、对人危害较大的有10多种,有金环蛇、银环蛇、眼镜蛇、眼镜王蛇、蝮蛇、蝰蛇、五步蛇、竹叶青、原矛头蝮(龟壳花蛇)、海蛇等(图5.1~图5.10)。依据中毒表现判断:①神经毒为主的毒蛇有金环蛇、银环蛇等。被咬伤后局部症状不明显,仅有微痒和轻微麻木,无明显红肿,疼痛较轻或感觉消失,流血少,齿痕小,无

图5.1 金环蛇

图5.2 银环蛇

图5.3 眼镜蛇

图5.4 眼镜王蛇

图 5.5　蝮蛇

图 5.6　蝰蛇

图 5.7　五步蛇

图 5.8　竹叶青

图 5.9　龟壳花蛇

图 5.10　海蛇

渗透液。约在 2h 后出现急剧的全身症状,有头晕、视物模糊、语言不清、四肢无力、呼吸和吞咽困难、惊厥、昏迷等。②血液毒为主的毒蛇有竹叶青、蝰蛇及龟壳花蛇等。被咬伤处迅速肿胀,伤口剧痛、流血不止,常有水疱、瘀斑和局部组织坏死,肿胀迅速向肢体近端蔓延。伤后数小时出现头晕、恶心、体温升高、心跳加快、血尿、少尿、口干等症状。③兼有神经毒和血液毒的毒蛇有眼镜王蛇、眼镜蛇、蝮蛇等。被咬伤后同时出现神经毒和血液毒的中毒症状。

(1) 毒蛇咬伤的救治。

首先判断是否是毒蛇咬伤。从外形来看,通常毒蛇头大颈细,头多呈三角形,身上体纹色彩较鲜艳。但金环蛇、银环蛇、眼镜蛇的头部呈椭圆形,蝮蛇色泽如土,而少数无毒蛇(如颈棱头蛇)的头呈三角形,有的身上斑纹艳丽,色泽鲜明。从活动时间来看,银环蛇、金环蛇是夜间活动;眼镜蛇、眼镜王蛇基本是昼间活动;蝮蛇、龟壳花蛇、五步蛇、竹叶青等则是白天晚上都活动,但以晚上活动为主。比较科学的区别方法还是看蛇咬伤后留下的牙痕(图5.11)。被毒蛇咬伤的伤口前端一般有两个较大的刺破洞口,主要是被含有毒液的毒牙咬破留下的;若呈成排的锯齿状牙痕,在15min内没有局部红肿、疼痛、瘀斑、麻木和乏力等症状,且出血很快停止,则可能为无毒蛇咬伤或毒液未注入体内。不过为防止伤口被动物口腔黏液中的细菌感染,无毒蛇咬后,亦须对伤口清洗、止血、消毒和包扎。如判断不清是否为毒蛇咬伤,应按毒蛇咬伤处理。毒蛇咬伤的急救原则是尽快排出毒液,阻止毒液的吸收、扩散。

图5.11 牙痕区别

一定要保持镇定,避免情绪激动。不要惊慌失措奔跑走动,这样会加速毒液向全身扩散。伤后采取坐位或卧位,立刻用可以找到的橡皮带、鞋带、腰带、绳子、布条、手绢等,或就近拾取适用的植物茎、藤结扎伤口的上方,减少毒液的扩散。如果咬伤的是手指,要结扎在伤指的根部;如果咬伤的是手掌或前臂,就结扎在肘关节以上;如果咬伤的是足部或小腿,要在膝盖上方结扎;如果咬伤的是大腿,可结扎大腿根部。结扎的速度越快越好,争取在咬伤后1~3min内完成。结扎的目的与止血目的不同,仅在于阻断毒液经静脉和淋巴回流入心,而不妨碍动脉血的供应,故结扎无须过紧,以能够使被结扎的下部肢体动脉搏动稍微减弱为宜,并在结扎后,每隔 20~30min 放松 2~3min,以免长时间阻止血液循环,造成局部组织坏死。

迅速排除毒液,减少毒液吸收。蛇的毒液不仅含有攻击中枢神经系统和血液循环的有毒成分,而且含有帮助它们消化猎物的消化酶。这些有毒成分能引起大片的组织坏死,留下大面积伤口。检查伤口内是否有折断的毒牙,如有,应迅速用小刀或碎玻璃片等尖锐物将其拔除,使用前最好用火烧一下消毒。立即用凉开水、泉水、盐水、肥皂水或 1∶5000 高锰酸钾溶液等快速向下冲洗被咬伤部位,冲掉残留在伤口周围的毒液。以牙痕为中心作十字(或米字)切开,长度不超过 6mm,深度不超过 3mm,千万不能深切,否则切口会使毛细血管全部打开,使毒液直接进入血液。然后用手由上至下、由外而内,由周围向伤口方向及伤口周围反复挤压,使毒液从切开的伤口排出体外,边挤压边用清水冲洗伤口,此方法须持续 30min 以上。若随身携带有玻璃瓶、茶杯等可用作抽吸杯的,可对伤口做拔火罐处理,利用杯内产生的负压吸出毒液。反复数次后,可吸出大量毒液。原则上以吸至伤口渗出血液为鲜红色,局部由青紫转正常皮肤为度。在没有其他办法的情形下才用嘴吮吸伤口排毒,并保证口腔、嘴唇无破溃、无龋齿。每次吸出的毒液随即吐掉,并用清水漱口。

后续处理及注意事项。排毒完成后,可用一块纱布湿敷伤口以利毒液流出,切不可捂住伤口,更不能加压包扎。若身边备有蛇药,可立即口服以解内毒,并将药片溶化在温水中,涂敷在伤口周围(不要涂在伤口上),一般用药 5~7 天。也可采用中草药内服和外敷。常见的解蛇毒草药有七叶一枝花、白花蛇舌草、鸭趾草、半边莲和徐长卿等,需新鲜草药,全草煎服,捣碎外敷。如果口渴,饮用足量清水,切不可饮用酒精饮料,亦不可吸食烟草制品。不能服用镇痛药物,或是任何对中枢神经系统起抑制作用的药。不可用手触摸脸部或者揉眼睛,以免手上沾染毒液而导致失明。伤后尽量减少和避免一切剧烈活动,尽可能早地寻求对症治疗。

(2)毒蛇咬伤的预防。预防毒蛇咬伤的主要措施是熟悉蛇的种类和生活习性,避免与其接触。除眼镜王蛇外,蛇很少主动攻击人,多数在被踩到或者受到威胁并且难以逃离的时候才会攻击人。遇险飞行人员应尽可能与毒蛇保持一定的距离,并做好以下防护措施。

蛇的视力弱、听觉迟钝,但嗅觉灵敏,还具感热功能,只要有风吹草动,就会迅速逃跑,躲入茂密的草丛,或钻入洞穴、石缝等。因而在山林地区行进,可手持木棍或竹竿用打草惊蛇的方法来驱赶毒蛇。在闷热、空气湿度大的雨天,蛇常会爬出隐蔽之所,更要注意防范。

由于易被蛇咬的多为小腿、踝关节、足背部及手腕等四肢裸露的部位,加之多数毒蛇的体色与周围环境颜色相似,如竹叶青、五步蛇等的体色与植物、枯叶的颜色相似,不容易被发现。因此在林间行进时,应穿好鞋、袜,并把裤腿扎紧,放下衣袖,即使被蛇咬伤一般也不会受伤中毒。还要戴帽子以防栖息在树上的毒蛇(竹叶青)侵袭头部。

行进或宿营时,要避开草丛、乱石堆、树丛、竹林等阴暗潮湿的地方。翻动石块或原木以及掘坑挖洞时使用木棍,不能徒手进行这类活动。休息时,应先将周围草丛打一圈以将蛇惊走。宿营时,可将雄黄粉或石灰粉撒在住地周围,也有一定驱蛇效果。睡前检查床铺,早晨起来检查鞋子。

如果遭遇盘伏在地面上的毒蛇,切忌惊慌失措逃跑,必须保持镇静,要先面对它悄悄后退一段距离再绕道离开。若蛇已经在游走,则尽量让它走远再继续前行;若蛇被惊动并立起前身准备攻击时,可原地不动或面对毒蛇逐渐后退,随手拿样东西在手中左右晃动,或抛向别处以分散蛇的注意力。如果被蛇攻击,可用树枝等与之搏斗,迅速向其头部猛烈回击,将其打死。另外在遇到如眼镜蛇、眼镜王蛇等毒蛇时,切勿正面相对蛇头,并应保持一定距离,因为这些毒蛇能将其毒液喷射 2.5~3m 远,若人被毒液击中双眼,轻者视物模糊、视力下降,重者可致失明。

如有毒蛇追来,不要惊慌,千万不能直线逃跑,可向左右成"之"字形逃跑,或向坡上跑,或奔向光滑的地面,切忌向坡下跑,因为蛇的爬行速度一般并不快,同时蛇身细长,拐弯比较难。

夜间出行时要携带照明工具,防止踩踏到蛇体招致咬伤。但使用明火照明时,火把尽量远离身体,以防具有扑火习性的五步蛇、蝮蛇、竹叶青蛇等扑来伤人。

2) 蚂蟥

山林中还有一种小的生物也是不可小觑的——水蛭,俗称蚂蟥,是一种看上去像蠕虫的吸血生物。蚂蟥多数生活在淡水中,少数为海水或咸淡水种类,还有一些陆生或两栖的,多在温湿的地区。山林中蚂蟥极多,一有人经过,嗅到血味,它们便会卷成一团从树上掉下来落在人身上吸血,可以通过纽扣孔,甚至鞋子的眼孔叮咬人体。蚂蟥吸血量很大,可吸取相当于它体重 2~10 倍的血液。同时由于蚂蟥的唾液有麻醉作用和抗凝作用,在其吸血时,人往往无感觉,当其饱食离去时,伤口仍流血不止。这种动物虽不传染疾病也不立即使人致命,但它吸血多,使人体力衰弱,并且叮咬处容易发生感染、发炎和溃烂。

(1) 被蚂蟥叮咬后的处理。一旦发现被蚂蟥叮咬,切不可强行拉扯,这易使蚂蟥口器断留在皮内并引起感染,应在叮咬处附近拍打几下,将其震落。或用浓盐水、肥皂水、酒精或高度酒、食醋、烟油、石灰水等滴撒在蚂蟥身上,也可用随身携带的驱蚊剂、清凉油等滴在蚂蟥身上,或用烟头烫、火柴烤等方法,让其自行脱落。也可用刀子将其刮下。实在没有办法时,就让它吸饱血自然脱落,一般吸血30～60min。然后压迫伤口止血,并用碘酒或酒精涂搽伤口,以防感染。若伤口流血不止,可在伤口上撒一些云南白药粉,或用竹叶烧焦成炭灰或将嫩竹叶捣烂后敷在伤口上。若蚂蟥钻入鼻腔,可将面部浸入盐水中,不断搅动盐水诱出蚂蟥,或用1%可卡因麻醉局部黏膜后取出,也可滴入盐水、酒精使之自然脱落。

(2) 蚂蟥叮咬的预防。在山林中行进要穿长裤,将袜筒套在裤腿外面,以防蚂蟥钻附于人体。在袖口、裤脚和鞋面上涂抹肥皂、大蒜汁、清凉油、驱蚊剂等,每隔3~6h重涂一次,可有效地防止被蚂蟥叮咬。裸露的地方可以涂抹驱蚊剂。行进时应经常检查有无蚂蟥爬到脚上。在经过有蚂蟥的河流、溪沟时,可投石头或用棍棒敲击水面,诱开蚂蟥后再涉水;涉水时应穿长裤、扎紧裤脚,上岸后应检查是否附有蚂蟥。宿营在比较干燥、草不多的地方,不要选在湖边、河边或溪边宿营。休息时经常检查身上有无蚂蟥叮咬,如有蚂蟥应及时除去。尽量喝开水,不喝生水,不要在有蚂蟥地区的山涧溪流、积水中洗漱。

3) 野蜂

山林中还有许多种蜂,如蜜蜂、黄蜂(又名胡蜂、马蜂)等(图5.12)。雄蜂不伤人,刺人的都是雌蜂,雌蜂腹部末端有与毒腺相连的螫针,螫针刺入人体时随即注入毒液。蜂毒中主要含有神经毒素、溶血毒素和组织胺,可使蜇伤部位局部红肿,凝血时间延长,并沿神经分布有反射性疼痛。轻者仅发生局部疼痛、红肿和灼热感,也可能有水疱、瘀斑、局部淋巴结肿大,在几小时至数日内就可恢复正常;如果身体多处被蜂群蜇刺,常引起头痛、发热、恶心、呕吐、腹泻和全身性水肿等全身症状,对蜂毒过敏的人会出现荨麻疹、鼻炎、腹痛腹泻、唇及眼睑肿胀,个别严重的可能发生过敏性休克、昏迷和死亡。

(a)

(b)

图 5.12 蜜蜂与黄蜂
(a)蜜蜂;(b)黄蜂。

(1) 蜇伤后的处理。被蜜蜂蜇后,刺会留在皮肤内,并带有毒腺。最好用指甲或者刀片轻轻将刺刮出,或用镊子拔出,也可用针挑出。不要挤压蜇刺或毒腺,以免更多的毒液进入伤口。蜜蜂毒液以酸性为主,应用肥皂水或5%~10%碳酸氢钠溶液、盐水或3%氨水彻底清洗叮咬处。被蜂群蜇伤后,如果备有蛇药片,可内服和外敷。黄蜂蜇后皮肤内不留下刺,其毒液以碱性为主,应用食醋或硼酸粉擦洗止痛。其他蜂伤可用唾液、肥皂水、氨水或小苏打水等涂抹伤处,中和毒素,减弱毒性。

野外条件下,采摘马齿苋,揉碎后擦拭伤口,止痛消肿效果最好。马齿苋是蜂的克星,哪里有蜂哪里就会有马齿苋,蜂活动最频繁的时候,也是马齿苋生长最旺盛的时候。或用鱼腥草、鲜蒲公英、鲜桑叶、紫花地丁、野芋头梗、七叶一枝花、景天三七和半边莲等任选1、2种捣烂外敷;或用新鲜仙人掌去刺、大蒜、韭菜或生姜等捣烂外敷,均有解毒止痛、杀菌止痒、消肿的作用。亦可将两片阿司匹林研成粉末,用凉水调成糊状涂搽患处同样有效;也可用冷水浸透毛巾敷在伤处,减轻肿痛。为防止感染可口服抗生素。局部禁用刺激性药物(如碘酒)。

(2) 野蜂蜇伤的预防。蜂巢多见于树枝上、树洞或洞穴中,也有一些蜂独自生活在木头缝里(如熊蜂)或是地上的洞里(如大黄蜂)。自我保护的最好策略就是避开。如果遇到一两只蜂在人的前后左右或头顶盘旋,要先静止不动再慢慢地离开,不能主动拍打。当发现有蜂围绕在林边飞翔,或有蜂直飞钻入地下时,一般可以判定附近有蜂巢,不可再前进,要赶快退回或绕路前进。万一碰到蜂巢,尽快离开绕路前进,一旦惊扰蜂群飞起,应立即蹲下,并用衣服保护好头颈部,千万不要乱跑、扑打反击,否则只会招致更多的攻击,待蜂群散开后再慢慢撤离。深色的衣服、吃了大蒜或者衣服上汗味过重等情况都容易招来蜂攻击,所以尽量不吃带刺激性气味的食物,注意个人卫生。

4) 蚊子

蚊子是一种恼人的"吸血鬼"。山林中蚊子的种类繁多,当被蚊子叮咬时,可引起过敏性的皮肤反应,出现红肿、瘙痒等症状,同时,大量的蚊子吸食人血,可使人衰弱,还能传播许多热带传染病,如流行性乙型脑炎、疟疾、登革热、丝虫病等。

蚊子叮咬的预防和处理:①应穿长袖长裤,扎紧领口、袖口,皮肤暴露部位喷涂防蚊剂,并喷一些在衣服上,衣物上的药剂可以维持更久一些,而皮肤上的药剂容易被汗水冲掉。用西红柿叶、薄荷叶或凤仙花搓擦身体暴露部位,也可以驱蚊。服用维生素B1或用溶有维生素B1的水洗澡对防蚊虫叮咬也有较好的效果。吃大蒜也可有效驱蚊。②不要在潮湿的树荫和草地上休息。夏天,近水的地方最容易招引蚊子,所以不要在河边、湖边、溪边或沼泽旁宿营。宿营时可烧点艾叶、青蒿、柏树叶、野菊花等驱赶蚊子。③注意个人卫生,蚊子喜欢新陈代谢很快的人。④被蚊子叮咬后,可用随身携带的清凉油、风油精涂搽患处。如有三棱针,亦可先点刺放血,挤出黄水毒汁后再涂上药品,效果更佳。蚊子毒液是酸性的,也可用丝瓜叶捣出的水、氨水、肥皂水、盐水、小苏打水涂抹患处止痒消毒。

5) 其他动物叮咬的防治

山林中能直接伤害人的毒虫还有很多,如蜘蛛、蝎子、蜈蚣、蜱等,被它们叮咬后,轻则肿胀疼痛、过敏反应,重则恶心呕吐、呼吸困难、不省人事,甚至危及生命。因此,在遇险行进和宿营时,要注意环境特点,如有条件,尽量头戴帽子,身着长袖衣和长裤,扎紧领口、袖口、裤脚等,手持木棍用来防护,每天都要检查鞋袜和衣服,床铺和避身场所也要检查,翻动长期不移动的石块、木头或其他堆积物时要格外小心,尽量避免被这些小动物咬伤。

我国毒性较强的蜘蛛种类不多,有捕鸟蛛、红螯蛛、穴居狼蛛、赫毛长尾蛛、黑寡妇蛛等。蜘蛛多生活在草丛、灌木丛及各种露营场所。蜘蛛只有在感受到危险时才咬人,以其头胸部前端的一对螯肢进行攻击,毒液经由螯肢上螯牙的尖端小孔注入皮下,此时被咬处可看到两个针眼口,严重时局部红肿并逐渐扩大,在伤口的远心端很快发生剧烈疼痛,常使人难以忍受,并发全身症状,如头昏嗜睡、困倦无力、呼吸困难、心律不齐、视力模糊等。如果被毒蜘蛛咬伤,救治按毒蛇咬伤的处理原则进行。

蝎子喜欢住在阴暗潮湿的树根处、杂草中,多数在晚间活动。蝎子尾部有刺针,它的毒性非常强,被蜇后局部症状包括感觉异常、烧灼样或剧烈疼痛,常伴有肿胀、水疱、血疱。全身症状有寒战、高热、头痛、头晕、流涎、恶心呕吐、出汗、肌肉痉挛、抽搐及语言障碍等。严重者甚至会引起呼吸窘迫、血压升高、急性心衰、休克等。当被蝎子蜇伤后,首先将伤口内断落的毒蝎刺尖拔除,按毒蛇咬伤的处理原则急救。

蜈蚣喜欢生活在丘陵地带和多沙土地区,白天多潜伏在砖石缝隙、墙角边和成堆的树叶、杂草、腐木阴暗角落里,常在天气闷热、湿度较高的夜晚,特别是夏季雷雨前出来活动。在山林行进或宿营时易被蜈蚣刺伤。蜈蚣的脚呈钩状,钩端有毒腺口,能排出毒汁,蜈蚣越大,毒性越大,中毒症状越严重。被刺后一般有红肿、热痛,可发生淋巴管炎和组织坏死。严重中毒时可有头痛、发热、恶心、眩晕,甚至抽搐、昏迷等全身症状。蜈蚣毒液也是酸性的,咬伤后立即用肥皂水或小苏打水清洗伤口,局部应用冷湿敷伤口,被较小的蜈蚣刺伤,亦可采用鱼腥草、鲜半边莲、白花蛇舌草或蒲公英捣烂外敷。

蜱是一种长相与蜘蛛相似的小虫子,又名扁虱。蜱主要栖息在草地、树林中,常会附着在人体的头皮、腰部、腋窝、腹股沟及脚踝下方等部位,有些蜱还带有病毒,能将多种疾病传播于人,如莱姆病、蜱性伤寒等。不过,蜱需要在寄主身上待 6h 以上才能传播疾病。防蜱主要是靠扎紧衣袖、裤管,防止蜱钻入衣裤中,可能的情况下外露部位涂抹驱虫剂。走在小路的中心,避免在茂密的草丛和茂密的树林中穿行。休息时不要靠在树干上或坐在枯枝落叶上,以免藏匿在这些地方的蜱爬进衣裤内,应先清理出一块干净的地方再坐下休息。清洗寄主动物以用于食用时,都要小心蜱沾附在上面。无论休息还是活动都要随时注意感觉自己身体的皮肤上有无异物蠕动或叮咬。一旦察觉蜱已叮在皮肤上,不要慌张,先观察蜱是叮上去还是已叮了很久,如果是刚刚叮上去的,应迅速抓住蜱的腹部快速往外拉,通常可以将蜱拔掉。用烟头烤烫虫体,也可使之自然脱落。如果蜱已在皮肤上叮了较长时间,则不可快速猛拉,因蜱的头部进入皮肤后,其前部的螯肢便紧紧地钩在皮肤里,用力猛拉往往会把螯肢拉断留在里面。螯肢细小不易察觉,常在皮肤里引起发炎,患处经常化脓红肿。对于在皮肤上叮咬了很长时间的蜱,要拉一下,放一下,反反复复轻轻地往外拉,直到把蜱完整地拉出来为止。如果不小心把蜱的螯肢或假头拉断留在皮肤里,应用消过毒的手术刀片把伤口略微扩大,用镊子或针把蜱的螯肢或假头弄出来,然后用碘酒或消毒酒精对伤口进行消毒。

6) 生物侵袭防护可用植物

七叶一枝花生长在山坡林下及灌丛阴湿处(图 5.13),为多年生草本植物,高 35~100cm,根状茎粗厚,通常带紫红色。叶多为 7 片,顶生 1 花为黄绿色。可治疗蛇虫咬伤、疔疮肿痛、跌扑伤痛和惊风抽搐等症状。

白花蛇舌草生长在潮湿地面(图 5.14),为一年生草本植物,高 15~50cm;茎略带方形或扁圆柱形,光滑无毛,从基部发出多分枝;叶对生,条形;白花,单生或成对生于叶腋,花期春季。可用于毒蛇咬伤、肠痈腹痛、咽喉肿痛等。

图 5.13 七叶一枝花

图 5.14 白花蛇舌草

鸭趾草生长在潮湿的山沟、溪边(图5.15),为一年生草本植物,茎圆柱形,长约30~50cm,下部匍匐生根,上部直立;叶互生,披针形,较肥厚;蓝花。可用于毒蛇咬伤、疮痈或咽喉肿痛。

半边莲生长在河边等潮湿的地方(图5.16),为多年生草本植物,茎细弱,匍匐,节上生根,分枝直立;叶互生,椭圆状披针形至条形;花通常1朵,花冠粉红色或白色。可用于毒蛇咬伤、瘟疹、跌打损伤、湿热黄疸等。

图5.15 鸭趾草

图5.16 半边莲

徐长卿生长在山坡草丛中(图5.17),为多年生直立草本植物,高约1m;根多而成粗线状;叶呈针形,对生。夏季末枝梢叶腋开黄绿色花,果实成长角形状。可用于止痛、止痒。

艾草生长在路旁河边及山坡等地(图5.18),为多年生草本植物或略成半灌木状;主根明显,茎单生或少数,有明显纵棱,叶厚纸质。可止血、杀虫、抗过敏、消炎、平喘、止咳、安胎。

图5.17 徐长卿

图5.18 艾草

青蒿生长在低海拔、湿润的河岸边砂地、山谷、林缘、路旁等(图5.19),为一年生草本植物高30~150cm;主根单一,垂直,茎直立,具纵棱线;叶互生。可抑制疟原虫和血吸虫、消炎。

浮萍生长在水田、池沼或其他静水水域(图5.20),为漂浮植物;叶状体对称,表面绿色,背面浅黄色或绿白色或常为紫色。可治疗蚊虫叮咬、发汗解表,治疗风疹、麻疹。

图5.19 青蒿

图5.20 浮萍

桑树喜光,对气候、土壤适应性都很强(图5.21),多地均有栽培。落叶灌木或小乔木,高3~15m,树皮灰黄色或黄褐色,浅纵裂,幼枝有毛,叶互生,卵形至阔卵形。桑叶可治疗风热感冒,根皮可去水肿。

紫花地丁生长在田间、荒地、山坡草丛、林缘或灌丛中(图5.22),为多年生草本植物,高4~14cm,根状茎短而垂直,淡褐色,叶多数,花中等大,紫堇色或淡紫色。可消炎抗菌。

图5.21 桑树

图5.22 紫花地丁

鱼腥草生长在湖边、河边、沼泽、背阴山地、林缘路边等潮湿的环境中,为多年生草本植物(图5.23),高30~50cm,全株有腥臭味,茎上部直立,常呈紫红色,下部匍匐,节上轮生小根,叶互生。可消炎清热、抗菌利尿。

景天三七生长在山坡岩石上和荒地上(图5.24),为多年生草本植物,根状茎短,高20~50cm,叶互生,坚实,近革质。具有止血、消肿、定痛的功效。

图5.23　鱼腥草　　　　　　　　图5.24　景天三七

马齿苋生长在菜园、农田、路旁(图5.25),为田间常见杂草,为一年生草本植物,全株无毛;茎平卧,伏地铺散,枝淡绿色或带暗红色;叶互生,叶片肥厚。可抗菌消炎,解毒定痛。

图5.25　马齿苋

5.1.2　海洋生物侵袭防护

5.1.2.1　鲨鱼

鲨鱼是大海中最令人恐惧的动物,但并不是所有的鲨鱼都对人类有威胁,真正能危害人类的主要是大白鲨、双髻鲨、虎鲨(鼬鲨)、灰鲭鲨等几种(图5.26)。

这类鲨鱼往往用攻击方法取食,通常是在夜晚、黄昏或黎明时觅食。喜欢搜寻容易到手的猎物,比如受伤的动物。攻击前常常围着猎物绕几圈,慢慢缩小范围,然后突然攻击猎物,此时其背鳍往往呈直立状态。如果是群鲨进攻,则直接扑食。被任何鲨鱼咬到或被其粗糙的皮肤擦到都会造成剧烈疼痛以及足以致命的伤害。为了减少和避免鲨鱼袭击,可从多方面加以注意和防备。

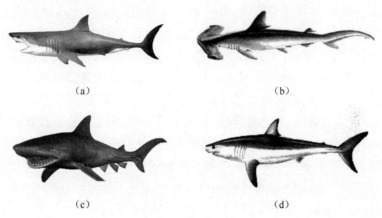

图 5.26　鲨鱼
(a)大白鲨;(b)双髻鲨;(c)虎鲨;(d)灰鲭鲨。

　　鲨鱼视力有限,但它的嗅觉特别敏锐,对血液和身体的排泄物相当敏感,只要有少量的血污,便可把它从远处引来,所以不要把带血的东西抛入大海。如果附近水域有鲨鱼出没,尽量不要排便,如果必须要排泄,小便时要将尿液一阵一阵排出,使得尿液彻底分散开。大便时一次排出少量的粪便,并尽可能扔到远处。如果发生呕吐,要吐在手上,然后扔得越远越好。

　　鲨鱼对白色的、发光的物体很敏感,有时甚至赤裸的脚也可能引起鲨鱼的注意,所以应把发光的手表、首饰等摘下来收入口袋,去掉钥匙、徽章等一切发光的物品,以免引诱鲨鱼。

　　避免在肮脏浑浊的水域停留,发现鲨鱼时,要保持镇静,切勿惊慌逃避,可施放驱鲨剂。如果需要游泳,手脚击水的力度要均匀并且规律,防止成群的鲨鱼被吸引过来。千万不要主动攻击它。

　　救生船附近出现鲨鱼时,可用现有器材拍击水面,用其声音驱赶鲨鱼,避免把手脚垂放在船的边缘外面,不要做任何类似袭击它们的动作,停止在鲨鱼活动区域钓鱼。

　　如果遭到鲨鱼攻击,可以面向水面高声喊叫,或者将手团成环状,用力敲击水面,发出巨大响声,这种办法可能会吓走鲨鱼,也可以做投掷动作抡动手臂,同时脚向外踢,以阻挡鲨鱼攻击。不要试图直接用手击打鲨鱼,因为这样很容易受伤,可用刀、棍或其他硬物等,猛击鲨鱼的鼻子、鳃部或者眼睛等敏感部位。

5.1.2.2 海蛇

海蛇是生活在海洋中的毒蛇,喜欢在大陆架和海岛周围的浅水中栖息。海蛇大小差别很大,体纹色彩斑斓,头部小,前半身呈圆形,后半身扁平状。海蛇一般不主动袭击人,只有面临危险时才伤人。被海蛇咬伤是特别危险的,因为被咬时好像被刺扎了一下,开始并无红肿、疼痛、出血等症状,牙痕也不明显,其毒性发作又有一段潜伏期,被咬后 30min 至 1h 以后才出现中毒症状,这很容易让人麻痹大意。实际上海蛇毒被人体吸收非常快,中毒后最先感到肌肉无力、酸痛、眼睑肿胀、下垂及胸闷;继之舌麻痹、牙关紧闭、吞咽困难等重要症状;严重时惊厥、肢体瘫痪、休克、昏睡、瞳孔散大、呼吸麻痹、意识丧失以致死亡。在海上发现自己或他人出现上述症状的时候应考虑被海蛇咬伤。被海蛇咬伤后,应立即进行急救,方法与在陆地上被毒蛇咬伤一样。

5.1.2.3 水母

水母又称为海蜇,长相美丽温顺,其实十分凶猛。其伞状体下面长有细长的触手,在触手的上面布满了刺细胞,刺细胞内有毒刺和内装毒液的囊,能够射出毒液,其成分主要是类蛋白、多肽和多种有毒的酶类,此外还有强麻醉剂、致痛剂、组胺等。被水母蜇伤后,根据水母种类或个人体质不同,轻者只感到灸痛并出现红肿、瘙痒;过敏体质的人会出现水疱或严重瘀斑,伴随剧痛及瘙痒、皮肤红肿。若全身多处被蜇伤或被大型及毒性强的水母蜇伤,毒素会蔓延全身,出现头痛眩晕、恶心腹泻、吞咽困难、血压升高等症状,严重者可导致死亡。

一旦被水母蜇伤,不能抓挠伤口,亦不可用淡水冲洗,因淡水可刺激滋生新的残留毒液。应尽快用毛巾、衣服、泥沙擦去黏附在皮肤上的水母触手或毒液,也可用海水、肥皂水、1%氨水或碳酸氢钠等碱性溶液冲洗或喷洒伤口。将伤口浸泡于温水中,不要用冰按压伤口,之后用炉甘石洗液或醋酸涂抹在伤口处,反复擦拭直至痛感消失。如果出现呼吸困难等紧急情况,采取坐姿,两腿下垂,保持呼吸道畅通。

5.1.2.4 章鱼

章鱼外形可怕,但胆子很小,栖于多岩石海底的洞穴或缝隙中。它对人类的危害,一是触手缠绕使人不能解脱,二是释放毒素使人中毒。章鱼本身是不会主动攻击人类的,如果遇到了章鱼,应与它们保持一定的距离,只要不让它们感受到威胁,它们便不会主动来"黏着你"。如被其缠绕,可用拳头或器械猛击章鱼两眼之间稍高一点的章鱼脑,就可以摆脱险境了。章鱼的中枢神经系统被破坏之前,无论它遇到多大损伤,吸盘和触手都将起作用,即使割断几条触手也无济于事。

5.1.2.5 海鳝和海鳗

海鳝生活于浅水,栖于岩礁间并隐在缝穴内。海鳗为凶猛的底层鱼类,游泳迅速,常栖息在水深 50~80m 的沙泥或岩礁区。它们体长如蛇,嘴里长满尖利的牙齿,受到侵扰时才会攻击人类,此时可变得十分凶恶。可咬住遇险飞行人员不放,使人不能摆脱而死亡。采取的措施是,在涉水时手脚应有所保护。

5.2 野外宿营

遇险飞行人员在野外生存和救生过程中可能会受到多种因素限制,不能继续前行或是需要停下来找到合适的地点等待救援。有时候这种逗留是跨昼夜的,这就迫使遇险人员不得不寻找合适的宿营地过夜,这时无论是利用自己携带的简易帐篷,还是利用当时的环境条件搭建宿营场所,其都是为了在野外有个相对安全、舒适的栖身之所,以更好地维持生命,进而为继续前行或获得救援创造条件。因此,选择合适的宿营地,建造理想的宿营场所对生存者尤为重要。

5.2.1 宿营地的选择

在热带、亚热带丛林通常行动是极为困难的,一般应原地等待救援。即使决定行走,也要进行休整,做好充分准备后才能开始行走。故飞行员在跳伞着陆后,首先要选择和准备一个宿营地。

宿营地的选择并不十分复杂,也没有一成不变的标准,要根据当时当地的地理条件、气候特征、可利用的资源等来选择,例如,在寒冷地带,地势低的地方夜间气温低,而且会受到下沉冷空气的侵袭,使谷底气温总是低于上部,这就是所谓的"冷气池"。因此,在寒冷地区,宿营场所的选择要考虑能够利用到阳光,而且要尽量使用能够防寒的材料。而在沙漠地区,选择宿营场所的时候一般不必考虑潮湿问题,但必须确保能够同时保护遇险飞行员免受炎热和寒冷的侵害。

一般来说,宿营地选择首要的原则是要尽可能地确保安全。环境的安全与否,尤其像野外生活这样的条件下,人们往往只能根据当时的情况来决定。比如一般情况下不建议在山顶露营,但是如果你的第一需求是呼叫救援,而且所有的信息都显示无论是你的视角,还是可能出现的救援,都意味你必须把栖息地选在山顶,难道你会拒绝吗?所以我们常常说:所谓的野外生存没有专家,因为每一种情况的出现几乎都是唯一的,由于每一个行动或者决策都可能会关系到人的生命安全,所以只有设身处地的人,才最有发言权。在这里,只要掌握几个基本的常识就好了。理想的宿营地最好满足以下几个基本条件:

(1)防风避雨。一般情况下,宿营地最好是选在小山丘的背风处、林间或林边空地、山洞、山脊的侧面和岩石下面等。如果是大风天气要注意防止树枝等被风刮落伤人;雷雨天气则不要在山顶或空旷地上安营,以免遭到雷击。

(2)便于生存生活。水是生命之源,如能靠近水源,既能保证饮用水,又能提供洗漱用水。但在深山密林中,靠近水源也可能会遇到更多的野生动物,因此要格外小心注意。

(3)避险。规避常发性的自然灾害,选址前要仔细观察周围是否有可能发生自然灾害的蛛丝马迹,包括山洪、滑坡、泥石流、落石、雪崩等。

(4)防兽。建营地时要仔细观察营地周围是否有野兽的足迹、粪便和巢穴,不要建在多蛇多鼠地带,以防伤人或损坏装备设施。要有驱蚊、虫、蝇药品和防护措施。条件允许的话,在营地周围遍撒些草木灰,会非常有效地防止蛇、蝎、毒虫的侵扰。

(5)日照。营地要尽可能选在日照时间较长的地方,这样会使营地比较温暖、干燥、清洁,便于晾晒衣服、物品和装备。

(6)平整。营地的地面要平整,不要存有树根草根和尖石碎物,也不要有凹凸或斜坡,这样会损坏装备或刺伤人员,同时也会影响人员的休息质量。

选好宿营地后要进行必要的清理,如打草惊蛇、割去较高的茅草、准备生火的材料和场地、搭建掩体等。

5.2.2 宿营场所的搭建

通常根据当时的条件,可以搭建不同类型的野外宿营场所,如帐篷、庇护所、遮棚等。

帐篷的种类很多,包括普通的睡眠帐篷、旅游帐篷、居住帐篷等,这些标准的帐篷一般很易于搭建和撤收。当选择好一个安全且相对舒适的搭建地以后,需要注意帐篷的入口要背风向阳,如果是多人宿营,所有帐篷的朝向应当是一致的。帐篷的周边或四角用地钉固定好,如有可能再用大石块压住。

如果没有携带标准装备的帐篷,在森林中过夜,也最好不要露宿,因为当人睡着之后,血液循环变慢,皮肤松弛,对外界的抵抗力降低,皮肤上的露水蒸发时又带走了热量,会使人着凉受寒,关节酸痛。可以利用携带的其他物品搭建简易帐篷,比如方块雨衣、军毯、帆布、降落伞等。林区露营,也可就地取材搭制临时的遮棚,或因地制宜,对地形、地貌稍加改造构筑一个临时的栖身场所。这些可利用的地形、地貌包括悬崖下的突出物、斜坡、倒下或折断的大树、雪地等。

5.2.2.1 屋顶形帐篷

在林区生存,可利用自然资源辅助搭建屋顶形帐篷。搭建时,将绳子拴在两棵树之间,或用随身携带的锹等作支柱,用背包带连接,两端固定在地上。然后将方块雨布搭在绳子或背包带上,底边用石块压牢即成。也可将数块雨布连接,构成4~8人用的大帐篷。另外,选择间隔一定距离的两棵树作立柱,在两棵树之间绑一根横杆,横杆距地面高度约1.2m左右即可,也可根据周边树枝和其他材料的尺寸调整需要的高度。然后可以在横杆的两侧像铺瓦一样铺设一些树枝,呈A字形排列,再在这些两侧斜置的树枝上纵横交错覆盖上树枝、干草或大的树叶。这样,一个能挡风遮雨的屋顶形帐篷就搭建好了。屋顶形帐篷适合各种地形。

需要注意的是,在覆盖树枝或干草搭建"屋顶"时,要从底部开始一层一层往上覆盖,这种方法叫作"重叠法",它可以使雨水顺着"屋顶"顺流而下。如果想要帐篷更加保暖,还可以在帐篷上敷设上泥土,再用树枝或其他材料做一个门。

5.2.2.2 单面坡形帐篷

搭建单面坡形帐篷非常简单,适于风向比较固定的气候条件下,在断墙、塄坎等处搭建。搭建时,把雨布一头固定在墙壁、塄坎上,另一头固定在地面,两边用树枝、野草堵塞挡风。在林地搭建时,也可以用树木固定。冬季,还可以在帐篷透空的一侧搭建篝火取暖,另一侧放一块反射板,可将热量反射到帐篷内。

需要注意的是单面坡的坡面要指向盛行风方向,顶部要尽量保证隔热。如果是冬季在雪层较薄的地区搭建,应先将搭建地点的雪扫尽。在雪层较深的地区,如果只是暂时驻留,可不必清扫积雪,但应将雪压实、压平,在冻结的地面上形成一道隔绝层。如果长时间驻留,则应在雪地中挖坑埋设帐篷,这样可以更好地抵御寒风。在开阔地上搭建单面坡形帐篷时,可在帐篷迎风面加筑一道雪墙,用来挡风和便于生火。

5.2.2.3 伞形帐篷

飞行员遇险跳伞后,降落伞是在野外搭建伞形帐篷的好工具。把降落伞中央部分悬吊于树下,伞缘固定于地面,便可快速构成一个简易帐篷。如果降落伞防水性不是很好,可适当增加倾斜程度,帐篷出口要用双层防水材料,上部绑紧。

5.2.2.4 吊床帐篷

在丛林地带,特别是热带地区,由于地面潮湿、蛇类、虫蚁多,在地面搭铺易受其侵害,因此吊床非常适用。若无制式的伞兵吊床,可用帆布、毛毯、伪装网制作简易的吊床。吊床的两端拴在两棵树上,上面再拉一根绳子,搭上方块雨布,四角用绳子系牢,便形成一个吊床帐篷。

5.2.2.5 利用断树搭建庇护所

在野外遇见被狂风刮倒的、足够粗壮的树木,或是中间被折弯,但依然与树根牢牢相连的高大树木,这都是可以利用的庇护所的雏形,可以为生存者节省很多搭建庇护所的精力。如果风向正好从树的一侧吹来,可以利用倒下的大树当单面的临时避风墙;也可以在树干背风的一侧挖一个凹坑,利用树干和树枝在凹坑上方搭建顶棚,以遮挡风雨;还可以在大树上面挂上帆布,或搭上更多的树枝再铺设树叶等材料,构筑成不同形状的完整庇护所。

需要注意的是,在搭建前,要仔细检查,确保大树的树枝不会掉落,折弯的位置不会突然断裂使大树倒落而砸伤自己。

5.2.2.6 利用凹坑搭建庇护所

在野外环境中天然的浅坑并不少见,可以利用它来当简易庇护所挡风,凹坑在开阔的平地,生存者可以通过在浅坑周围挖一条排水沟,引流附近的雨水;若是凹坑在一个斜坡上,那排水沟就要挖在凹坑的正上方,起到拦截并引流的作用,以防止庇护所被积水或淹没。在凹坑的上方可以用圆木、枝条、树叶、干草、泥土等搭建一个顶盖,但是要注意,搭建的时候要做成中间高两边低的斜坡形状,或中间高四周低的圆锥形状,铺设采用"重叠法"或将圆木靠紧连接,敷上泥土等材料,来将雨水导流至庇护所外部排出。

5.2.2.7 利用山洞搭建庇护所

山洞是绝佳的庇护所,而且可以省去很多搭建庇护所的辛劳。大的山洞可以改造成适宜长时间生存的庇护所。即便是很窄很浅的洞穴,也可以成为很好的临时庇护所。如果洞穴在高山或崖壁上,一般改建工作量会很小,通常只需要用石头、树枝、草皮等材料在洞口建一堵防风墙以保持洞内的温度即可。位于山谷较高处的山洞往往比较干燥,即便洞上面有水流过,并能渗入洞内,也可以从低处排出,洞内受外界气候影响不会很大,夜晚可以在洞口生火,以防止野兽。海岸附近被海浪侵蚀的崖洞也可以选择,洞里如果有虫,可以燃烟熏。

需要注意的是,在进入山洞之前,要仔细观察山洞周围和内部是否有危险动物出没的痕迹,如异味、脚印、排泄物、刨开的新土等。特别是南方丛林幽深的大山洞,常常是蝙蝠和蛇的栖息地,有些背阴不透风的山洞常常沉积着瘴气。

5.2.2.8 构筑雪洞和雪屋

寒区、积雪厚的地区给行进造成困难,可是在搭建庇护所的时候,厚雪层更容易掘筑雪洞,薄薄的雪层在搭建庇护所的时候反而会比较困难。雪也是一种很好的建筑材料,掘雪洞要比挖地容易得多。适宜掘筑雪洞的地方往往是积雪较深的凹地,如冲沟、土坑、雨裂或山谷等。积雪在 1.5m 以上即可直接开口掘筑。积雪较薄的地方可以将雪堆积起来后开口构筑。雪洞一般不宜过大,否则容易坍塌,顶部的雪花不需要压实,可以减轻重量,而且松散的雪花更能保暖。洞口最好掘筑成拱形,开在避风之处。为防止冷风直吹洞内,开口后还可拐 1~2 个直弯。洞掘好后,可用雨衣、大衣或干草、树叶封闭洞口保温,但须留一个通气孔。为了确保安全,雪洞内一定要留一把铁锹或刀,在暴风雪之后,可能需要用来挖掘出口。在冰雪覆盖的开阔地上,如无其他可利用的、实的雪块或冰块,可在凹地修筑一个 U 形雪墙,作临时避风处,可根据需要在雪墙上盖上树枝和雪做"屋顶",但是要注意雪墙的承压能力,以确保能承受盖顶时树枝和雪的重量。在积雪深厚的地方驻留时间较长,可用压实的雪块筑雪屋,先挖一条仅能容一个人爬进雪屋的通道,然后将雪块按螺旋形的方向垒放,缝隙涂一层薄雪。生活在北极的爱斯基摩猎人就常建筑这样的雪屋临时居住。

5.2.2.9 利用石块垒起遮棚

如果置身于一个石块充足的地域,那对需要宿营的生存者来说是幸运的,不需要太多的技巧,只需要将石块高高垒起来,就可以搭建一面避风墙或是一个完整的"房子"。前提是要确保垒起来的石头墙或房屋足够稳固,不会发生坍塌事故。然后可以找一些树枝、树叶、干草、泥土等,敷设或填塞在石块间的缝隙,最后加上顶盖。即便是大雨倾盆,也可以有温暖舒适的庇护空间了。

5.2.2.10 利用树苗编制遮棚

如果正好有两排间隔距离合适的小树,就可以利用这两排小树迅速搭建一个庇护所。首先将两排小树中间的障碍物清理干净,地面处理平整,然后将对应的小树上部树枝绑扎在一起,构成帐篷的顶部支架,最后在顶部上面盖上篷布,用石块或圆木压住篷布的下边缘,以防止篷布被风掀起,便搭成了一个简易庇护所。若没有篷布,也可以选择一些树叶、枝条、干草等,将其尽量紧密严实、纵横交错地编织在一起,并可用泥土或蕨类植物等加固。若是找不到合适成排列的小树,也可以找韧性好、长度足够的枝条插入地里,然后再将其绑扎在一起,搭建成一个与此类似的庇护所。

需要注意的是,在宿营场所搭建好后,要根据气候、地形等条件挖好排水沟,以免宿营地被淹没。挖排水沟要用到携带的工兵锹,如果没有工兵锹,可以视排水沟的大小找周围可用的工具,一般宽度和深度均为几英寸的排水沟可用一根尖头棍子挖掘而成,另外石头、瓦片、树枝等都是可以利用的挖沟工具。排水沟也需要合理地规划大小、位置和排水的途径。以帐篷宿营为例,一般情况下,沿着帐篷的边缘挖一个宽 15cm、深 10cm 左右的槽,在帐篷口处汇合。帐篷口一般要比排水沟内侧高出一些,这样如果流水从上流下,就可以顺着排水沟绕过帐篷,从高处流向低处,从而保证了下雨等一般情况下,帐篷内的干燥。这里需要注意的是,高处的排水沟入口和低处的排水沟出口都要做一些缓冲加工。排水沟挖出的土或小石头可以铺设在帐篷的边角,并且尽量压实,以避免雨水的冲刷造成损坏。另外,如果宿营地建在山坡上,当然只需要让上面流下的水绕道即可。当在沙地上或者有植被覆盖的森林中露营时,少量的雨水几乎会立即渗入地面,根本不需要挖排水沟。

5.2.3 舒适宿营

5.2.3.1 舒适宿营的方法

在野外宿营,要想休息好,保暖是关键。睡袋不会产生热量,它只是一个隔热层,阻止身体热量散发,所以最好的方式是给身体储存更多的热量。有经验的野营者会在睡前吃些高热量的食物,但是不能吃得太饱,喝些热饮,但不宜喝茶与咖啡,然后在夜色下散散步,以不流汗为原则将身体缓和后再入睡。

选择合适的睡袋、睡垫是十分必要的,每种睡袋与睡垫的隔热系数都不同,隔热系数大的保暖性会好一些,而睡垫最好选用自动充气式的,睡袋保暖的原理大都是靠纤维及其间的孔洞里的空气层来阻止热量的传导,所以睡袋从背包中取出后应摊开一会儿,利用纤维的弹性尽量将睡袋膨胀开,以便在其内形成更厚的空气层,用手拍打拍打会促进这一过程的形成。潮湿的睡袋保暖性会大大降低,活动中要注意睡袋的防潮,遇雨天或空气潮湿,用睡袋套封装睡袋。另外,要保持帐篷内通风,经常晾晒睡袋,这样即使遇上阴雨天气,也保证你能舒适地度过夜晚的漫长时光。

宿营期间,装食品的背包要封好,必要时用背包套将背包裹住,以防昆虫、蚂蚁等小动物入侵、夜间潮湿导致食物变质。早晨起床,抖抖衣服、睡袋和背包,以免那些不受欢迎的小动物不期而至给你造成身体上和心理上的伤害。如果有条件,可以携带一些驱虫剂。随着人口密度的增加,在野外有的时候并不太可能有野兽来袭击,但是蚊虫的困扰是不容忽视的。虫叮蛇咬是经常容易发生的,在宿营场所的外面撒上一圈驱虫剂,就会有更安稳的休息环境。

冬季露营,还有一些辅助增温以增强宿营舒适性的方法。例如,将热水壶去掉保温套,抱在怀里,既可取暖,次日还可洗脸。又如,烧石睡床,即在宿营的坑底铺上已烧热的石头,上面覆上沙土使之平坦,然后再铺枯草、枯叶等,取暖效果也很好。此外,可将少量的生石灰打碎后装入瓶子、厚塑料袋或水壶内,加入一些水,密封放入被窝,10~20min 后即可产生热量,并可在 4~5h 内保持较高的温度。

5.2.3.2 急救毯

急救毯主要应用于寒冷环境下的生存救生,目的是防止人体体温过低出现失温而导致死亡。在外界环境十分寒冷或人体比较虚弱时,可用急救毯包裹身体来保持体温。

人体保暖主要有两种方式,一种方式是添加保暖层,保暖层一般是一些蓬松物质,利用蓬松后夹杂的空气在物体表面形成一层不流动的空气层。而空气本身是热的不良导体,因而能起到一定的保暖作用,一般的羽绒、棉衣被等都是利用这种方式来保暖。另一种方式是热反射式保暖,利用高反射材料将热辐射反射回去。白色衣服比黑色衣服凉快,就是因为白色反射比黑色强,能够将阳光反射回去。

而急救毯就是结合利用了这两个原理。铝塑膜中的铝膜作用是:确保人体表面的一层空气稳定不流动;而铝是高反射材料,能够将人体散发的热辐射反射回去,其热反射效率高达 90% 以上,这样就有效降低了人体散热的速度。但是铝膜容易撕破,强度不高,因此复合的塑料膜主要目的是增加急救毯的韧性和强度。

通常急救毯的长和宽都在 2m 左右,这样的大小是为了能够完全包裹住身体,或者能够搭建小型庇护所,如图 5.27 所示。

(a)

(b)

图 5.27 急救毯
(a)包裹住身体;(b)搭建小型庇护所。

也有的急救毯索性做成了信封睡袋的样子,关键时候直接把人装进去就可以了。而折叠起来的急救毯只有半个手掌大小,厚度也只有几毫米而已。包里装这么个东西,完全不会有丝毫的累赘。

5.2.4 野外露营场所搭建训练平台

野外露营场所搭建训练平台主要用于模拟如何在野外环境中通过简易器材或就地取材快速搭建露营场地。该训练平台由临时露营场所搭建训练平台、木结构小屋搭建训练平台和土坯房搭建训练平台三部分组成。

5.2.4.1 临时露营场所搭建训练平台

临时露营场所是指由绳子、雨衣、蒙布或降落伞等人造材料,可短时间内在野外环境中搭建起来的一种露营场所,6种临时露营场所和配套的排水沟如图5.28所示。它的特点是搭建方便、防雨、防风、防晒,但防寒性较差,可用于炎热环境中的休息及遮挡风雨、防晒。在临时露营场所搭建训练平台上应准备一些木棍或种植一些树木作为临时露营帐篷的骨架,还要准备绳子、雨衣、蒙布或降落伞等作为帐篷的基面。绳子可采用结实耐用的彩色尼龙绳,方便参训者反复训练,注意不要用麻绳。

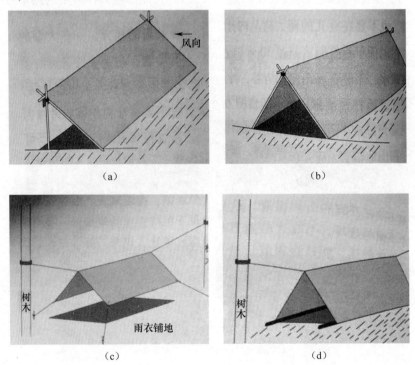

第 5 章　野外防护技能

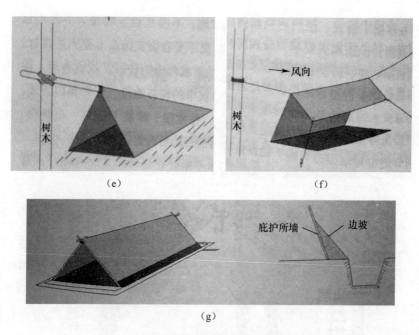

图 5.28　临时露营场所搭建训练平台示意图
(a)临时露营场所 1；(b)临时露营场所 2；(c)临时露营场所 3；(d)临时露营场所 4；
(e)临时露营场所 5；(f)临时露营场所 6；(g)配套的排水沟。

5.2.4.2　木结构小屋搭建训练平台

木结构小屋是在野外丛林环境中，由自然生长的树木以及由人工简易改造后的木材搭建起来的一种露营场所，如图 5.29 所示。它的特点是综合防护能力较强，可用于大多数野外森林环境中的休息及躲避恶劣天气。热带雨林、亚热带

121

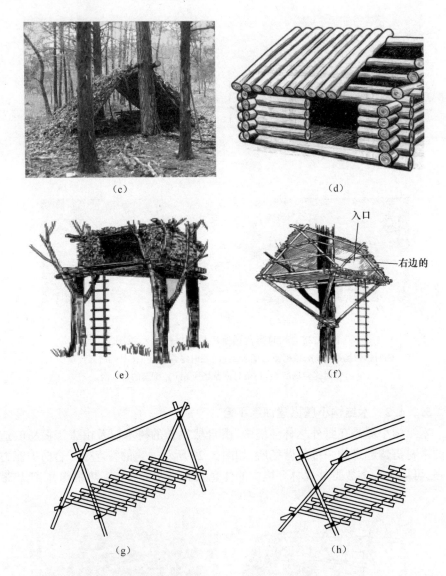

图 5.29　木结构小屋搭建训练平台示意图

(a)木结构小屋 1；(b)木结构小屋 2；(c)木结构小屋 3；(d)木结构小屋 4；
(e)三树干木结构小屋；(f)单树干木结构小屋；(g)"A"型湿地架床；(h)"X"型湿地架床。

常绿阔叶林、温带阔叶林、寒带针叶林等环境中，搭建木结构小屋都比较方便。该训练平台上需要种植一些较粗的树木，以模拟野外环境中的树林，可借助自然生长的树木作为木结构小屋的支柱。平台上还要准备大量粗细长短不同的木材,作为基本建材。绳子可采用结实耐用的彩色尼龙绳,方便参训者反复训练,注意不要用麻绳。

5.2.4.3 土坯房搭建训练平台

土坯房是在野外缺少植被的荒漠或雪地等特殊环境中,由沙土、石块、积雪、树木等自然材料搭建的一种露营场所,如图5.30所示。它可用于在荒漠、雪地等特殊环境中的休息及躲避恶劣天气。该平台在建筑时对土基要求比较高。土地不宜过硬,否则训练效率会较低。但含沙量也不宜过高,易导致土坯房塌陷,影响训练安全。

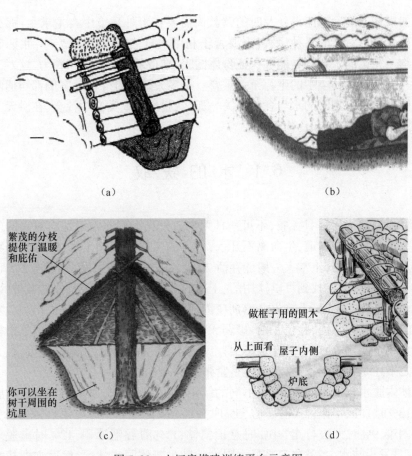

图5.30 土坯房搭建训练平台示意图
(a)天然凹坑;(b)地下庇护所;(c)树坑型庇护所;(d)石砌炉子。

第6章 水与食物的获取

如果在遇险后不能得到及时的营救而需要在野外环境中自主求生,那么除了防范大自然对人的各种侵害,也要善于利用大自然对人的馈赠——水源和各种食物。充足的水和食物能够保证身体健康,维持基本的体能与精力,这对于遇险飞行员在自然环境中的生存至关重要。很多失败的野外生存案例都与遇险人员未能及时获取足够的水与食物有关。那么,脱离了人类文明社会,在渺无人烟的荒野,如何获取水和食物呢?

6.1 水的获取

俗话说:"人可一日无餐,不可一日无水。"可见人们非常清楚水对人的生存有多么重要。我们知道,生命离不开水,所有的生物都依赖于水,所有的生物都会有水。没有食物,正常人一般能存活 20 天左右,但是如果没有水,连 3 天也活不了。野外生存时,找到可以饮用的、干净的水,对于我们来说是非常关键的。

水分补充不足时,人首先会感到疲倦,脉搏变快,反应迟钝,进而出现脱水症状,如干渴、呼吸急促、脸色苍白、虚弱无力、痉挛等。体内脱水的速率是根据以下因素决定的:体内现有的存水量,身上着装的体温的影响,当地的温度,在太阳直射之下还是在阴影下,是镇定还是紧张。

体内脱水程度不同,会产生不同的结果:脱水 1%时会感到口渴,2%时感到不适,3%时食欲不振,4%时恶心,5%时头疼,6%时头晕,7%时语言障碍,8%时呼吸困难,9%时无法行走,10%时意识模糊,11%时吞咽障碍,12%时虚脱。因此,一旦发现缺水,当务之急是最大限度地减少身体脱水状况,然后立即找水补充。要是受困于沙漠无法找到水源,那就不要乱动,要设法寻求救援。如果水源充足,每天的饮水量应该多于平时习惯的日饮水量。这样,即使在食品匮乏的情况下,仍能最大限度地保持身体机能处在正常范围。

如果有大量食品但缺少水源,那就要注意:吃东西会消耗人体的水分,因为人体在消化吸收蛋白质、淀粉等营养的过程中会用到水。如果身边可利用的饮水很少(如每天1L以下),要尽量避免食用肉食、干燥、高淀粉的食品或味道过咸的食品。可多吃碳水化合物及水分含量都比较高的食品,水果是缺少水源的情况下最理想的食物。如果食品和水都很少,那就将活动量减至最低程度,要选择阴凉处落脚。

6.1.1 寻找水源

在野外,能找到干净的流动水源最为理想。寻找水源的方法主要有下列几种。

6.1.1.1 充分利用自己的感官系统

南方雨水多,地表水也丰富,比较容易找到水源。北方降水少,地表水源也相对少,尤其是沙漠戈壁等干旱少雨的地区。这时,借助感官系统,注意倾听山脚、山涧、断崖、盆地、谷底等是否有山溪或瀑布的流水声,有没有蛙声和水鸟的叫声等,特别是在凌晨或有雾的早晨,如果能听到这些声音,说明你离有水源的地方不远了。

观察动物、植物、气象、气候及地理环境等也可以找到水源。根据地形,判断地下水位的高低,如山脚下往往会有地下水。另外在干河床的下面及河道的转弯处的外侧,往往再向下挖三四米深就能找到水源,但通常都需要经净化处理后才能饮用。

空气流动会带过来泥土的土腥味及水草的味道,沿着气味的方向往前走就能找到水源。

6.1.1.2 根据地面情况寻找水源

地下水位高、水量充足的地方依季节不同特征也不同:在炎热的夏季地面总是非常潮湿,地面久晒而不干不热;在秋季地表有水汽上升,凌晨常出现薄雾,晚上露水较重,且地面潮湿;在寒冷的冬季,地表面的裂缝处有白霜;春季解冻早、冬季封冻晚、降雪后融化快。但有些地面很难用干湿程度判断,如沙砾地带,从外表看,似乎不可能有水源,但由于沙砾的雨水吸收性好,地下有伏流的可能性很高。我国的塔克拉玛干沙漠、非洲的撒哈拉沙漠的地下水资源都十分丰富。

6.1.1.3 利用植物寻找水源

自然界各种喜水植物生长茂盛的地方,可作为找水源的线索。常见的喜水植物有芨芨草、白茨、黄花、马兰花、芦苇、沙柳、水芹菜、沙竹、狼尾草等。这些植物不仅喜欢生长在河岸、湖泊、沼泽周边,也常生长在地下水埋藏浅的地方,因此，可作为找浅层水的重要线索。

芦苇生长的地方一般有地下水，即使独根芦苇生长处也有可能埋藏地下水；大片芦苇生长处，地下水比较丰富，埋藏深度一般3~5m。

在许多干旱的沙漠、戈壁地区，生长着枝柳等灌木丛，这些植物告诉我们，这里地表下6~7m深就有地下水；有胡杨林生长的地方，则指出地下水位距地表面不过5~10m；老艾草指示地下水位于地表下2m；如果发现马兰花等植物，便可知这里下挖50cm左右就能找到地下水。还可以从植物而得知地下水的水质情况，如见到马兰花、拂子茅等植物群，就可以断定那里不太深的地方有淡水。

树木的生长与水紧密相关，缺水地区，树木是生长不好的。显然，茂密的森林之地，则有可能地下水丰富。

实践证明，与地下水串通的大裂隙、落水洞口的石头，其表面经常潮湿，常常长满苔藓，而与地下水无关的石头则没有苔藓。因此，茂盛的苔藓也是寻找地下水的标志。

6.1.1.4 利用动物寻找水源

许多动物可以帮我们找到水源，尤其是两栖类。由于两栖类在由水生过渡到陆生时，身体变化不彻底，它们的皮肤没有完整的防水分蒸发功能。所以两栖类要随时到水中湿润体表。有两栖类出没的地方，附近肯定有水源。

鸟类也有指示水源的作用，虽然鸟类可以飞到远处找水，但是动物的习性使它们有一定的居住和觅食偏好。一些以水生生物为食的鸟类，不会离水源太远。例如，翠鸟、鹳类、鹭类、雁类、野鸭、鹩类、大尾莺多在水源附近生活。有的鸟类会在水源上绕飞，远远就可以发现，比如燕子。

昆虫也有指示水源的作用，像蝴蝶、蜻蜓、蚊子、蜉蝣、虻等也喜欢在水源附近活动。

动物的足迹是最好的水源路标。如果你能发现动物的足迹，分析一下是否有一定的方向性，足迹杂乱，不像是动物偶尔经过的。如果是这样，则顺着动物的足迹就能找到水。另外，动物多喜欢在傍晚去水边喝水，可以根据这个特点在傍晚注意动物的动向。

6.1.1.5 直接从植物中获取水源

如果是在南方，那么野芭蕉就是很好的水分来源，只要用刀将其从底部迅速砍断，就会有干净的液体从茎中滴出，可直接饮用，这时便有了可饮用之水。提示：野芭蕉的嫩芯可食用，在断粮的情况下，也可以充饥。

如果能找到野葛藤、葡萄藤、芦荟、仙人掌、猕猴桃藤、五味子藤等藤本植物，也可从中获取饮用水。另外，在春天树木要发芽之时，还可从桦树、山榆树等乔木的树干及枝条中获取饮用水。

注意:千万不要饮用那些带有乳浊液的藤或灌、乔木的汁液,此类植物可能会有毒!此外,植物中获取的饮用"水"容易变质,最好即取即饮,不要长时间存放。

在野外,最好不要饮用从杂草中流出的水,而那些从断崖裂缝或岩石中流出的清水是野外饮用水的佳品。如果你要饮用河流或湖泊中的水,可以在离水边一二米的沙地中挖个小坑,因为坑里渗出的水相对于从河湖中直接提取的水要清洁得多。如果你所处的地区有矿山,就要特别注意了,一定不要饮用那些被矿山的矿物所污染的水源。如果你看到河道里的石块有异常的茶红色或黄色,那么这地方的水不喝为好。

但是当你真的再也找不到可以饮用的水源而饥渴难耐。在这里,根据经验,介绍一种极为简便的取水方法:首先用一个塑料袋套在树枝上,将袋口扎紧。因为温差的原因,树中会蒸发出水分,等到水分越来越多后,就可以取下来饮用。利用这个方法,每天取水量可达 1.5kg 左右。还可以用塑料布收集露水。从半夜到天明这段时间里,气温逐渐下降,积少成多,可解干渴之急。山林中的猴子和松鼠,遇到干旱季节,就在拂晓时分出来舔食树叶上的露水,这个也不妨一试。

6.1.2 取水方式

6.1.2.1 雨水收集

下雨时,在大的树干上挖个孔,插入竹筒,雨水即沿此筒聚流,底部以容器盛接即可。如无利器挖孔,可用长布条沿树干缠绕,约留尺许于容器内,雨水即沿雨布条引入。也可以利用已有的装备如帐篷、塑料垫或雨衣等接水备用。

6.1.2.2 露水收集

利用金属板,夜间露天放置,待水珠凝结成时收集。或可用石头收集,在地上挖一直径 1m 左右的浅坑,其上铺一帆布(或纸张、衣料、山芋叶等物品),再用石头在其上排成高约 1m 的 V 字形,则露水沿石而下积聚于帆布内,次日除去石块,即可消毒饮用。

早晨植物上的露珠也能提供水分。在脚踝处绑一些衣服或者几束细草,在太阳升起前穿过露水覆盖的草丛,当衣服或者草束吸收了露水之后,把水拧到容器中。重复以上步骤直到获得足够的水,或者露水已经蒸发为止。澳洲一些原住民能用这种方法在 1h 内获得 1 夸脱(1.1L)的水。

6.1.2.3 从植物中收集

如果地上、地下水源均枯竭时,或水源不洁不得饮用时,可在植物上找到代用水。凡树体粗大、叶阔大、多生果实,则树身藏水丰沛。只要用利器在树干上挖一洞,往往即有水流出。但须注意,挖洞时应在太阳西落之后,时已黄昏始能得水。

仙人掌类植物也是含水甚丰,切去顶部,汁液即自切口流出,然后捣碎果壳果肉以吸管吸取汁浆。但如发现其汁液为乳白色,则切勿饮用,因可能有毒性。野生甘蔗只要在树干上挖洞,水则流出。亦可砍去枝叶,以切口对嘴饮之,为其味生涩,但如无其他方法,则野生蕉亦为最佳植物代用水。

嫩竹林是极好的可饮用水水源。从嫩竹里收集的水是干净的,而且没有异味。收集水时,把一根嫩竹折弯,将顶端绑在地面上,切开顶端。夜间,水自然就会从竹子里面滴下。老的、裂开的竹子里面可能会储有水。

极端条件下可利用植物的蒸腾作用。将塑料袋套在植物的浓密嫩枝条上,扎好袋口收集。

警告:从植物中获取的汁液不要保存超过24h,因为之后它会开始发酵,饮用会很危险。

6.1.3 判断水质

找到水源后,能否直接饮用,需要进行鉴别,不加鉴别乱喝,轻则恶心呕吐,重则腹痛腹泻,甚至危及生命。相传三国时,诸葛亮为了平复蛮王孟获引发的叛乱,率军南征(七擒孟获)。一次行军至云南西洱河,正值六月酷暑天气,军士们渴得嗓子冒烟,看到一处名叫"哑泉"的泉水后,便争先恐后喝起来,可是回到大营不久,喝了泉水的军士们渐渐腹痛起来,继而声音嘶哑,说不出话,苦不堪言。诸葛亮见此情景,知道是中毒所致,但不知中何奇毒。无奈之时,一位当地老者将军士们带到了一个名叫"安乐"的泉边,去饮此泉的泉水,又让他们每人口含一种叫"薤叶芸香"的野草,军士们"随即吐出恶涎,便能言语"终于化险为夷。电视剧《三国演义》中就有这一情节。那么,哑泉水为何能使人失哑致病?"安乐泉"和"薤叶芸香"又为何能使人转危为安?原来,云南地处"三江多金属成矿带",哑泉中溶解了大量的硫酸铜,而硫酸铜有毒,其毒性是由铜元素造成的,被人体吸收后,可作用于全身,并对肝、肾、神经系统造成伤害,故蜀军喝了哑泉水后发生了中毒。而"安乐泉"的水含有较多的生物碱,蜀军喝了等于洗了胃,减轻和消除中毒症状,"薤叶芸香"也具有相同的解毒作用。

由这个故事可知,在野外找到水源后并不是直接就可以饮用了,在野外没有可靠的饮用水,又无检验设备时,需要根据水的颜色、气味、温度、水迹概略地鉴别水质的好坏。

6.1.3.1 观水色

清洁的天然水无色透明,浅水时清澈见底,较深时呈现浅蓝色或蓝色。如果水呈黄棕色或黄褐色,表明受腐殖质、铁质、锰盐污染;呈翠绿色,表明受硫化氢污染;呈黄绿色,表明是藻类等浮游生物污染;呈黄色,则为黏土、泥沙混入所致。

不过,仅凭水的颜色断定水质的好坏和能否直接饮用仍然存在一定的风险。在原始森林中,许多小溪、河流表面看起来清澈干净,实际上却含有多种有害的病菌和寄生虫,人一旦喝下去就会染上痢疾等严重的疾病。而有时一些看上去存在问题的水源,恰恰没有什么风险。如北欧一些国家许多河流流淌的水都是咖啡色,并且泡沫四溅,初看如同造纸厂排放的污水,实则因森林广大,树木茂密,落叶堆积过厚,充沛的雨水将土壤中的腐殖质冲入河中所形成。又如非洲埃塞俄比亚的兰加诺湖,水是红色的,并具有多种矿物质,其由周边红土层所致。这些水虽有颜色,但无臭无味,杂质很少,稍加过滤即能饮用。如要进一步鉴别和确定水的清洁度,可用玻璃杯、搪瓷盆盛水观察,通常水越清水质越好,水越浑说明水里含杂质越多或受到污染,这样的水就不能直接饮用。

6.1.3.2 闻水臭

清洁的水无臭味和其他异味。判别方法:可用干净的瓶子装上半瓶水,加塞摇动振荡,开瓶塞嗅气味,或把瓶中的水加温至60℃左右,再嗅气味。如闻到臭味、异味,表明水有问题,不能喝。如果在水源边就闻到了臭味或异味,表明此水源已受到严重污染。

6.1.3.3 尝水味

一般清洁的水是无味的,有异味的水一般含杂质较多或已受到污染。如含硫化氢的水有臭鸡蛋味,含镁多的有苦味,含铁多的有铁锈味,含藻类多的带鱼腥味或腐败味。有异味的水质通常变坏,不能饮用,判别法是将少量水放在嘴里尝一尝,尝后吐出。

6.1.3.4 测水温

地面水的水温,通常随气温的变化而变化,气温升高,水温也随之升高,气温降低,水温也随之降低,因而夏天的水温比冬天的水温要高许多。深层地下水的温度则较恒定,如果水温突然升高,多是污染所致。

温泉是地下水经过地球内部热量加热后重新露出地表形成的,温度高低不等,低的30~40℃,高的100℃以上,如云南腾冲温泉最高时达110℃,台湾北投温泉最高温度也超过100℃。温泉能否饮用,取决于温泉所含的元素。在我国,大多为含硫温泉,不宜作饮用水源长期使用,如果是碳酸钙镁温泉,如昆明安宁温泉、湖北建始县温泉,不仅可以作饮用水源,而且长期饮用对身体有益处。

6.1.3.5 看纸迹

将水滴在白纸上,晾干后观察水迹,清洁的水是无斑痕的,如有斑迹,则说明水中杂质多,水质差。

古语云:流水不腐,户枢不蠹。流动的水通常是活水、好水,不流动的水是死水、变质的水。因此,在野外要尽量寻找活水喝。一般来说,从断崖裂缝或岩石中渗出的清水,从山区溪涧冒出的经过沙土过滤的泉水,从竹林中流出的竹根水,一般都透明无味,清冽甘甜,可直接饮用。但杂草中流出的水,通常受到地面霉菌的污染,最好不要饮用。江河湖泊、山塘水库、沟渠池潭中的水,最好鉴别净化后再饮用。

6.1.4 水的净化

不洁净的水中经常会带有一些致病的物质,如变虫痢疾、伤寒、血吸虫、肝蛭、霍乱等有毒的病菌,以及腐烂的植物茎叶,昆虫、飞禽、动物的尸体及粪便,有的还可能会带有重金属盐或有毒矿物质等。所以当在极度干渴之际找到水源后,最好不要急于狂饮,应就当时的环境条件,对水源进行必要的净化消毒处理,以避免因饮水而中毒或传染上疾病。

对寻找到的水源进行净化和消毒处理有几种简便可行的方法。

6.1.4.1 渗透法

在野外可以利用沙土的自然渗透作用来实现水的净化,如图6.1所示。

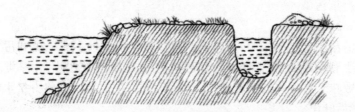

图 6.1 渗透法水源净化

当找到的水源里有漂浮的异物或水质混浊不清时,可以在离水源3~5m处向下挖一个深约50~80cm、直径约1m的坑,让水从砂、石、土的缝隙中自然渗出,然后,轻轻地将已渗出的水取出,放入盒子或壶等存水容器中。注意:不要搅起坑底的泥沙,要保持水的清洁干净。饮用江河、湖泊、水库中的水时,都可以采用这种方法。

山地、石坡、森林中会有些自然形成的水坑,如果是雨天形成的,是死水,水质较差;如果是石崖或地下渗出来的,是活水,可以饮用。但有些活水坑也会布满腐枝败叶,甚至有虫子或浮萍,可用手挖出坑壁的腐质,并把坑中的水舀出去,待渗出来的水注满澄清后再饮用。

6.1.4.2 过滤法

当找到的水源泥沙混浊,有异物漂浮且有微生物或蠕虫及水蛭幼虫等,水源周围的环境又不适宜挖坑时,还可找一个塑料袋(质量好、不容易破的)将底部刺些小眼儿,或者用棉制单手套、手帕、袜子、衣袖、裤腿等。也可用一个矿泉水瓶,去掉瓶底后倒置,再用小刀把瓶盖扎出几个小孔,然后自下向上依次填入2~4cm厚的干净的棉布料、无土质干净的细砂、木炭、小石块,压紧按实,将不清洁的水慢慢倒入自制的简易过滤器中,等过滤器下面有水溢出时,即可用盆或水壶将过滤后的干净水收集起来,如图6.2所示。如果对过滤后的水质不满意,应再制一个简易过滤器将过滤后的水再次进行过滤,即可满意。

这种方法,最好过滤装置是透明的,以方便从外部观察。

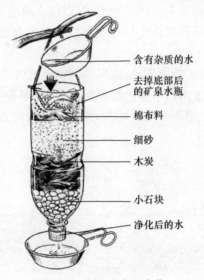

图6.2 过滤法水源净化

6.1.4.3 沉淀法

将所找到的水收集到盆或壶等存水容器中,放入少量的明矾或木棉枝叶(捣烂)、仙人掌(捣烂)、榆树皮(捣烂),在水中搅拌约3min,待均匀后沉淀30min,浊水就会变清。轻轻舀起上层的清水,不要搅起已沉淀的絮状浊物,这样就能得到较为干净的水了。野生植物中,仙人掌、霸王鞭是可以食用的植物,而且净水时用量很少,产生的絮状物又能沉淀析出,用其澄清饮用水是最理想的。

采用植物净水沉淀的方法,虽然絮状物沉淀时能除去部分细菌和微生物,但是没有消毒作用。因此,饮用水最好再加少许漂白粉消毒。

6.1.4.4 银器杀菌法

实验证明,1L水中只要含有2×10^{-10}g的银离子,便可将水中大部分细菌杀死。因此,如果随时携带着银首饰或银器,而一时找不到清洁水或无其他净化方法时,可用银首饰或银器浸在舀来的水中,并不时进行搅拌。经过这样处理 1~2h后,就可得到较安全的饮用水。

6.1.4.5 蒸馏法

蒸馏水的获取模型有如下几种方式。

1) 日光蒸馏水的获取

如果土壤比较潮湿,可在地面挖掘一个长约90cm、深45cm的坑,然后在坑底部的中央位置放一个能够盛水的收集器,在坑上放一块干净的塑料布;之后,用石头或沙土将塑料布的四周固定在坑沿,并在塑料膜的中央部位放一枚小石块,这是为了确保塑料布呈中央凹陷的形状,以便水滴能顺利滑至中央底部并落入收集器中。另外,有条件的话还可在坑中放置一些新鲜的青草和残叶。日光蒸馏水的获取如图6.3所示。

这种方法获取蒸馏水的原理是:太阳的照射使坑内潮湿土壤、空气和青草残叶的温度升高,蒸发产生水汽。水汽逐渐饱和,与塑料膜接触遇冷凝结成水珠,下滑至收集器中。在土壤和空气湿度大的情况下,这种方法在一天之内能收集约半升水。

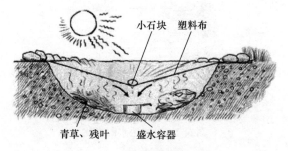

图6.3 日光蒸馏水的获取

2) 煮沸蒸馏水的获取

煮沸蒸馏水的获取是利用加热的方法获取蒸馏水。上部分可以用铁锅、玻璃容器等盛冷水,下部加热部分可以用铁桶、大玻璃杯,中间放置接收干净水的小容器(图6.4)。

一般来说,除泉水和井水(地下深水井)可直接饮用外,不管是河水、湖水、溪水、雪水、雨水、露水等,还是通过渗透、过滤、沉淀而得到的水,最好都应进行消毒处理后再饮用。

那么,怎样进行消毒呢?具体方法如下。

(1) 将净水药片放入存水容器中,搅拌摇晃,静置几分钟,即可饮用,可灌入

图 6.4　煮沸蒸馏水的获取

壶中存储备用。一般情况下,1 片净水药片可对 1L 的水进行消毒,如果遇到的水质较混浊可用 2 片。目前,在野外军队里都采用此法对水进行消毒。

(2) 如果没有净水药片,可以用随身携带的医用碘酒代替净水药片对水进行消毒。在已净化过的水中,每 1L 水滴入 3~4 滴碘酒,如果水质混浊,碘酒要加倍。搅拌摇晃后,静置的时间也应长一些,20~30min 后,即可饮用或备用。

(3) 利用亚氯酸盐,即漂白剂,也可以起到消毒的作用。在已净化的水中,每 1L 水滴入漂白剂 3~4 滴,水质混浊则加倍,摇晃均匀后,静置 30min,即可饮用或备用。只是水中有些漂白剂的味儿,注意不要把沉淀的浊物一同喝下去。

(4) 如果以上的消毒药物均没有,正巧随身携带有野炊时用的食醋(白醋也行),也可以对水进行消毒。在净化过的水中倒入一些醋汁,搅匀后,静置 30min 后便可饮用。只是水中有些醋的酸味。

(5) 在海拔高度不太高(海拔 2500m 以下)且有火种的情况下,把水煮沸 5min,也是对水进行消毒的很好方法,且简便实用。在平原郊游或野炊时,多采用这种方法对河水、湖水、溪水、雨水、露水、雪水进行消毒以保证饮水和做饭的需求。

(6) 如果寻找到的是咸水,用地椒草与水同煮,这虽不能去掉原来的苦咸,但能防止发生腹痛、腹胀、腹泻。如果水中有重金属盐或有毒矿物质,应用浓茶与水同煮,最后出现的沉淀物不要喝。

目前,有一种饮水净化吸管,在野外非常实用,形如一支粗钢笔,经它净化的水无菌、无毒、无味、无任何杂质,不需经过沸煮即可饮用,很轻便。

6.1.5　海水淡化

海水是咸的,含有大量的矿物盐,而且其中还有大量的微生物、海洋动物排泄物等污染物。饮用海水会导致脱水和肠胃炎,给生命带来很大威胁。因此,即便飞行员是在海上飞行遇险的危急情况下,也不能直接喝海水,饮用海水必须先进行淡化。

6.1.5.1 煮海水淡化

煮海水淡化的方法与蒸馏法净化水源十分类似。在海边、无淡水的荒岛上,以及沙漠戈壁下盐碱化了的地下水、咸水湖,都可用锅煮的方法使海水(咸水、盐碱水)淡化。1943年8月,一艘英国商船被德国法西斯潜艇击沉,船上40名船员(其中36人为中国船员)逃生荒岛时就用这个方法解决了淡水问题。他们利用救生艇上拆下来的空气箱,经过敲打,做成了一口锅,在锅上加一个铜盖,铜盖的边缘弯起水槽,使蒸汽在锅盖冷凝后顺着边缘流入水槽,滴入淡水箱内,2h内就产生了大约2碗淡水。后来他们在铜盖上加一个冷却罩,不断用海水淋罩冷却,结果2h就能生产出5碗淡水。遇险船员依靠煮海水得到的淡水,坚持等到了救援。

如果只有普通的锅盖(没有锅盖可用木头制作),煮海水时,可在锅盖内侧贴上毛巾,将蒸馏水的水珠吸附在毛巾上,然后拧在容器里。这样反复操作,就可得到所需要的淡水。

6.1.5.2 冻结海水

海水结的冰,基本上是淡水。冬季,可将海水放在一个容器中冻结。当海水冻结时,大部分溶解在水中的盐分就会结晶而离水,海水冰块溶解后就变成了淡水。

6.1.5.3 使用海水脱盐剂

海水脱盐剂的主要成分与海水中的氯化钠反应后,生成一种沉淀物而使海水淡化。一般药剂与海水之比为1∶13,淡化后的水清澈无味,符合饮用水要求。

海水脱盐剂使用时应配备一塑料袋过滤,先把海水装入袋内主刻线处,然后放入海水脱盐剂进行摇动,使之充分交换反应。60min后可打开袋底部的淡水出口,先弃去开始的几滴后流出的水即可饮用。

6.1.6 其他补充水分的方法

6.1.6.1 利用植物解渴

水是植物的重要组成部分,一般植物体都含60%~80%的水分,有的甚至还能存储大量的水。

在我国北方,黑桦、白桦的树汁,山葡萄的嫩条,酸浆的根茎,均能解渴。要是初春,用小刀或剪子在桦树上钻一个深3~4cm的小孔,插入一根细管,经过这个小孔流出的汁液,即可饮用止渴。如果没有桦树,可选择树干粗、树叶大、果实多的树,用刀在树上挖一个洞,同样能流出树汁。

在南方,芭蕉茎、扁担藤均能解渴。西南地区密林中的扁担藤,藤长约5~6m,藤面呈深褐色,叶子深绿色,呈椭圆形,比一般树叶稍厚。砍断藤子后,很快会从断痕处流出清水,生活在西双版纳的傣族猎人进山,有时不带水壶,就靠这种扁担藤流出的清水解渴。

热带丛林中的一种储水竹子,通常长在山沟的两旁。选择竹子找水时,应先摇摇竹竿,听听里面是否有水的声响,然后把有水声响的竹子砍下来,在竹节的一头砍开一个洞,将水倒在杯里或用竹子做的竹筒里饮用,也可找一棵植物的空心茎吸取。但要注意,江南一带的普通毛竹不会储水,少数被风雪压裂的竹节里可能储有雨水,但渗入时间长的,往往变质,同时取用较难。

热带植物棕榈、椰子树和夏柏桐含有丰富的树汁,仙人掌的果实和茎干含有较多的水分,都可取用。实在没有办法时嘴嚼草根也能起到一定的止渴作用。方法是将草根挖出来,甩去草根上的泥土,再用树叶或衣服揩去草根上的黏泥。

6.1.6.2 用塑料袋聚水解渴

以上从植物中直接取水的方法虽然及时方便,但受地域的限制,不是在任何地方都能找到储水植物的。如要不受地域和树木种类的限制,在"山穷水尽"的情况下取到水,可用塑料袋聚水解渴。

每棵绿树一生中都要吸收和消耗大量的水分,如夏天,一棵桦树一天在吸收土壤中的水分时,又要从叶片上蒸发出去二三百升水。根据树叶的这一特点,可以用塑料袋集聚一部分树叶蒸发水,方法是将塑料袋套在长有青叶的树枝上,将袋口扎紧。树叶蒸发出来的水分就会聚集在袋里。天气越热,蒸发量越大,得到的水就越多。有人试验过,用普通塑料袋套住一株藤状灌木,初冬时节半天时间,就聚集了一小酒杯水。如方法得当,每天取水量可达1L左右。用这种方法集水,不仅方便,而且水质清洁纯净,完全是一种天然的"蒸馏水"。用这种方法需要注意的是:选择的树木必须枝青叶绿,最好有阳光直照;塑料袋以透明为好;套住树枝的袋口不宜朝下,否则聚集起来的水会流掉。

6.1.6.3 收集雨露

下雨时,可用雨布、塑料布、各种容器和毛巾、衣服等集水。日夜温差较大的地区,会在草木叶片上凝结露水,露水重时,在草丛、森林行走,会很快湿透衣裤,甚至灌满鞋子,因此,不可小看露水的量。收集时,可把塑料布铺在草木下面,摇晃草木,使露水一滴一滴落下来,积少成多;也可用毛巾、棉布、衣服等在草上吸水,待吸到一定程度时拧在容器里。收集露水必须在太阳出来之前,因为太阳出来后很快会把露水晒干。

6.1.6.4 利用纱布吸水

经常可见石崖壁上、岩洞壁上或石坡上渗水潮湿,却无滴水,可用纱布(多层纸巾)贴在潮湿渗水的岩壁上慢慢吸取,然后将纱布上的水拧在容器里。如岩壁较脏,所拧的水杂质多,可待澄清后再饮用,千万别倒掉。如果山上土层渗水又无法取出水时,可用竹木片横插斜面泥土中,把水一滴一滴引出来。

6.1.6.5 利用阳光蒸馏聚水

在找不到淡水却发现有潮湿的沙地和苦咸水时,可制作一个简单的阳光蒸馏器造水。方法是:在潮湿的沙地上挖一个洞壁垂直、底部向中央倾斜的沙坑,以深1m、直径1.5m为宜。在坑口上面盖一层塑料膜,四周用石头或沙土固定住,使沙坑成为密闭状态。在塑料膜中央放上一个重量恰当的小石头,使塑料膜形成一个倾斜25~40°的倒圆锥体。阳光透过塑料膜使沙坑中的水分蒸发成水蒸气,水蒸气就会在塑料膜上凝结成小水滴并顺着倒圆锥体的顶端滴落在事先放好的容器中。如果在坑内容器上接一根管子到坑外,就可不必破坏装置而喝到水。用此方法,一天蒸馏淡水约1.5L,足以应急饮用。

6.1.6.6 从动物身上取"水"

在海上漂流时,如果没有携带淡水,除了收集雨水,还可捕鱼获取鱼体内的水分。鱼类的体内含有可饮的流汁,可把鱼剖开,取出内脏,直接饮用,也可用布把鱼包起来用力绞出鱼的体液饮用,另外鱼眼中的淡水含量较高,是海上漂流时补充淡水的理想来源,吸吮贝类也有效果。骆驼胃中储有较多的水,行舟沙漠的人实在无奈时,也从骆驼胃中取水。

喝动物的血也是应急方法之一。血液富有养分,同时能解除饥饿和干渴。

6.1.7 科学饮水

另外要注意的是,在饮水紧缺的情况下,一定要合理安排饮用水,不要为一时口渴而狂饮。在野外工作或探险中,喝水也要讲究科学性。如果一次喝个够,身体会将吸收后多余的水分排泄掉,这样就会白白浪费很多的水。在喝水时,一次只喝一两口,然后慢慢咽下,过一会儿感觉到口渴时再喝一口,慢慢地咽下,这样重复饮水,既可使身体将喝下去的水充分吸收,又可解决口舌咽喉的干燥。

1)定时饮水

很多人喝水的唯一原因是口渴,但口渴是一种生理反应,与身体缺水不同步。口渴时饮用水是"被动饮水",随着时间的推移,人体将长期处于"潜在"缺水状态。经常饮用的水是积极的饮用水,也就是说,按时喝水不必等待口渴,这有利于身体的新陈代谢。

2) 定量饮水

健康的成年人每天需要大约 2500mL 的水。人体主要有三种水源：50% 的饮用水、40% 的食物水和 10% 的身体代谢水。成人一般每天喝 1500~1700mL 的水，老年人的日饮水量可控制在 1500mL 左右，夏季出汗过多，可相应增加饮水量。

3) 培养正确的饮水方式

口渴时不要喝很多水（一次喝 500mL 以上的水）。多饮少量水，每次约 200mL 为宜。

6.2 食物的获取

野外生存时，如何获取食物填饱肚子是我们面临的一个重要课题。健康的人利用自身储存的营养可以存活一段时间，但是缺少食物会导致体温下降，难以保证过度劳累或者伤病复愈时身体得到完全的恢复。当然，如果携带了食物，例如军用口粮，那么对于我们来说是一件值得庆幸的事情。但是，如果要长期进行野外生存，即使携带了口粮也要有计划地节约利用。如果没有携带食物，也不必过于惊慌，因为自然界里的天然食物有很多。幸运的是，人类是杂食性动物——从自然界获取的几乎所有无毒性动植物都可以食用，当然还要考虑有无价值。野外采集食物时，只要小心谨慎，就很容易避开那些有毒或危险的食物。

不要单一依赖最易获取的食物。对于长期生存者来说，饮食中营养成分均衡是至关重要的。饮食种类必须多样化，否则容易导致营养失衡，引起其他严重的健康问题，所以我们获取的食物，应该能够提供合理均衡的营养比例，同时还能保证日常生理活动所需消耗的能量。其中必须包括的营养成分有蛋白质、碳水化合物、脂肪、矿物质和其他微量元素，以及维生素等。

从自然界获取食物的途径主要包括植物、菌类、动物三类，也有把以蘑菇为代表的菌类归为植物类食物。

6.2.1 植物类食物

据统计，全世界大约有 30 多万种植物，其中大概一半左右的植物，其果实、根、茎、芽或者叶是可以食用的。许多野生植物都可以为人体提供必需的营养物质，尽管它们可能提供不了均衡的营养，但是却可以维持遇险人员的体力。

然而不是所有植物都可以食用，其中一些是有毒的，如果不小心误食了，会使人中毒甚至有生命危险。因此，在野外找吃的，首先要知道找到的东西是不是有毒,能不能吃。当然,在野外获取食物时,要遵循的一个重要原则就是,尽量先找那些我们熟知的能食用的、无毒的动植物。

6.2.1.1 有毒植物的鉴别

如果所处的环境除了植物,很难找到其他可食用的东西,而能够找到的野生植物又不熟悉,不知道是否可食用,该怎么办呢?对于这些从没见过或根本不了解的陌生植物,如何鉴别它们是否能食用就十分关键了。这就要求我们掌握辨别野生植物是否有毒的一些常识和技巧。下面介绍一种有毒植物的通用鉴别法。对于不了解的陌生植物,无法判断其是否有毒,那么只要按照下面的方法一步步来进行试验鉴别,就能确保我们既不会中毒又能摆脱挨饿的困境。它的主要原理是逐渐尝食植物,观察身体是否有不良反应,最终确定植物是否可以食用。

开始进行测试之前还要做好以下几项准备工作:

（1）确保要检测的植物的供给非常充分;

（2）只能用新鲜的植物来进行检测;

（3）条件允许的情况下,对要检测的植物进行清洗;

（4）一次只对一种植物或者该植物的某个部分进行检测;

（5）在做检测的这段时间里不要吃其他东西,只能喝一些经过净化的水。

做好了这几项准备工作,下面我们就可以开始试验了,主要步骤如下。

（1）首先切下一小块植物,将其放于手腕上(或上胳膊内侧)来回揉搓后静候15min,观察皮肤有何反应。感觉一下你的手腕是不是有灼热感、刺痛感,或者发炎的情况,如果出现任何一种状况,就不要把检测继续下去了。选择另一种植物或该植物的另一部分重新开始检测。

（2）如果手腕没有任何反应,拿一小块植物(大约一汤匙的量),把它放在嘴唇上,检测5min。如果有任何灼热或者发炎的情况出现,即刻停止检测,另外挑选一种植物(或者被检测的植物的另一个部分),并重新开始检测。

（3）放一小片植物于口中,用舌头舔尝后静候15min,如果有灼热或者发炎的情况出现,立刻停止检测,另外挑选一种植物(或者被检测的植物的另一个部分)并重新开始检测。如无不良反应则将其充分咀嚼,再等15min以观察有何反应,如果没有任何不良反应,继续进行下面的步骤。

（4）咀嚼并吞咽一小块(大约一汤匙)植物,看是否有不良反应(如果感觉难受,赶快设法催吐,相当于洗胃,然后大量饮水)。如果仍感觉良好,接着继续下面的检测。

（5）吃少量的植物,再静等数小时,如果仍然没有不良反应,就能确定这种植物可以食用。

如果大量食用后,8~12h 后仍无病变发生,就不会有问题。如果有中毒症状,应立即大量喝水,引起呕吐,将所食食物全部吐出来。

这就是有毒植物的通用鉴别方法。只要对植物的可食性有一点点怀疑,吃之前都要先用可食性通用检验法检验一下。在野外,当周围没有熟悉的可食用野生植物时,就可以采用这种鉴别方法来对想要食用的植物进行鉴别,鉴别通过后就可以作为食物来大量食用。

6.2.1.2 常见可食用植物

1) 荠菜

通常每年 3—4 月可以采集嫩荠菜(图 6.5)。荠菜食用方法很多,洗干净后,开水焯过后可凉拌,也可直接炒食,还可用来做馅或做汤。荠菜不仅是营养丰富的美味食品,而且还能治疗多种疾病。

2) 马齿苋

马齿苋为肉质草本,肥嫩多汁(图 6.6),通常在 5 月至 9 月中旬采嫩茎叶。用开水焯后,将汁轻轻挤出,凉拌食用。马齿苋还具有消炎和利尿作用。捣烂外敷肿毒处效果很好,也可用于治毒蛇咬伤、痔疮。

图 6.5 荠菜

图 6.6 马齿苋

3) 车前草

车前草可煮熟、生吃、做汤、做粥或炖着吃(图 6.7),如开水焯后凉拌、炖汤等。车前草还具有利尿、止泻等作用。

4) 蒲公英

蒲公英整株可采集,撕断后会流出乳白色汁液,洗净后凉拌,也可开水焯后凉拌、炒食(图6.8)。

图 6.7　车前草

图 6.8　蒲公英

5) 黄花菜

黄花菜别名金针菜、鹿葱,嫩叶、花蕾可食,叶和根入药(图6.9)。食用方法:鲜花蕾有毒,含秋水仙碱,食用前必须在100℃开水浸烫去毒。常见有凉拌、炒肉、煮汤等。

6) 胡颓子

胡颓子果实成熟后呈红色,味道酸甜,可生吃,也可以用于酿酒和熬糖(图6.10)。

图 6.9　黄花菜

图 6.10　胡颓子

7) 地念

地念果实成熟后含大量糖分和维生素C,可以直接生吃,也可以用于酿酒。全株入药,止血功效显著(图6.11)。

8) 龙葵

龙葵花果期9—10月(图6.12)。注意,只能食用成熟果实(紫黑色),未成熟果实(绿色)及茎叶含龙葵碱,不能食用,作用类似皂苷,能溶解血细胞。过量中毒可引起头痛、腹痛、呕吐、腹泻、瞳孔散大、心跳先快后慢、精神错乱,甚至昏迷。

图6.11 地念

图6.12 龙葵

9) 田字草

田字草别名四叶菜,常见于浅水的沟边、水田中或沼泽等地(图6.13)。叶子可供食用,并有利尿解毒的功能,叶子捣汁也能治疗肿毒,叶子煮水喝可解热消炎。

10) 野苋

野苋的嫩茎叶可作为蔬菜,开水焯后凉拌或者炒食、煮汤(图6.14)。

图6.13 田字草

图6.14 野苋

11) 火棘

火棘别名火把果、救军粮、红子刺、吉祥果等,成熟果实可食用(图6.15)。

果实、根、叶可入药,叶能清热解毒,外敷治疮疡肿毒。

12) 沙棘

沙棘又名醋柳、黑刺、酸刺,是一种小浆果植物,成熟果实可食用(图6.16)。沙棘是含有天然维生素种类最多的树种,其维生素 C 含量远高于鲜枣和猕猴桃。

图 6.15　火棘

图 6.16　沙棘

13) 鱼腥草

鱼腥草别名折耳根、狗点耳等,嫩茎叶和地下茎可食用,特别是地下茎,可凉拌、炖肉等(图6.17)。具有清热解毒、利尿除湿、健胃消食等功效。

14) 菱角

菱角的果实可以生吃,老的菱角可以煮熟吃,茎部可以焯水后炒着吃(图6.18)。

图 6.17　鱼腥草

图 6.18　菱角

15) 香椿

香椿芽可以开水焯后凉拌,也可洗净后切碎煎鸡蛋,是不可多得的美味(图6.19)。

16）蕨菜

蕨菜别名拳头菜、如意菜、龙头菜等，嫩苗可食（图6.20）。

图6.19　香椿

图6.20　蕨菜

17）铁苋

铁苋别名红人青菜、铁锨头。嫩叶可以食用，全草或地上部分可以入药（图6.21）。具有清热解毒、利湿消积、收敛止血功效。

18）紫花地丁

紫花地丁别名野堇菜、光瓣堇菜等，堇科，开漂亮小紫花（图6.22）。具有清热解毒、凉血消肿、清热利湿等功效，主治疔疮、痈肿、黄疸、痢疾、腹泻、目赤、喉痹、毒蛇咬伤等。

图6.21　铁苋

图6.22　紫花地丁

19）苘麻

苘麻别名椿麻、塘麻、青麻、白麻、车轮草等，籽嫩时可以掰开来生吃（图6.23）。

20) 薄荷

薄荷别名银丹草,多生于山野湿地河旁(图6.24)。薄荷是常用中草药之一,是辛凉性发汗解热药,可治疗流行性感冒、头疼、目赤、身热、咽喉、牙床肿痛等症。外用可治神经痛、皮肤瘙痒、皮疹和湿疹等。

图6.23 苘麻

图6.24 薄荷

21) 萝藦

萝藦,汁液乳白色,嫩果实可以吃,鲜爽可口(图6.25)。

22) 兔儿菜

兔儿菜整株可以食用,嫩叶好吃(图6.26)。在叶子嫩的时候,和蒲公英很像,它的叶子背面的中脉,会有一些较长的毛刺,而蒲公英是没有的。

图6.25 萝藦

图6.26 兔儿菜

23) 薤白

薤白,百合科葱属,别名小根蒜、密花小根蒜、团葱、野蒜、野乌葱,除新疆和青海外全国各地均有分布(图 6.27)。全株可食用,可煎炒鸡蛋、做烹饪香料、腌制薤白头、炒肉、做馅等。

图 6.27　薤白

24) 野韭菜

野韭菜别名山韭菜,在我国黑龙江、吉林、辽宁、河北、山东、山西、内蒙古、陕西、宁夏、甘肃,青海和新疆均有分布(图 6.28)。食用方法与韭菜基本一致。

图 6.28　野韭菜

25) 沙葱

沙葱别名蒙古韭菜,在我国内蒙古、甘肃等省区均有分布(图 6.29)。全株可食,可煎炒鸡蛋、做烹饪香料、腌制、炒肉、凉拌、做馅等。

26) 艾蒿

艾蒿别名遏草、香艾、蕲艾、艾草、艾绒、艾叶、青、蒿枝,在我国的东北、华北、华东、华南、西南以及陕西及甘肃等均有分布(图 6.30)。嫩叶可食,可做天然染料,如清明团子、清明饼、做汤等。长期食用对神经有抑制。

27) 马兰头

马兰头别名鱼鳅串、泥鳅串、鸡儿肠、田边菊、路边菊、蓑衣草、脾草、紫菊、马

图 6.29　沙葱

图 6.30　艾蒿

兰菊、蟛蜞菊、红梗菜、散血草等,在我国大部分地区分布(图 6.31)。嫩茎叶可食,凉拌等。

图 6.31　马兰头

6.2.2 菌类食物

有很多野生的菌类也可以作为食物食用,这里主要介绍以蘑菇为代表的菌类。夏天在野外,经常会见到野生蘑菇,蘑菇种类繁多,有些可食用,而有些是有毒的,因此,在野外遇到蘑菇不能随便乱采集和食用。

6.2.2.1 常见可食用菌类

蘑菇中通常含有丰富的营养成分和维生素。几种常见食用菌的主要营养成分(100g干重中所含克数)如表6.1所列。几种常见食用菌的维生素含量(100g干重中含有的毫克数)如表6.2所列。

表6.1 常见食用菌的主要营养成分　　　　　　　单位:g

种类	蛋白质	脂肪	糖类	膳食纤维
草菇	35.1	2.6	35.1	20.8
香菇	26.5	3.6	22.9	38.8
银耳	13.6	1.73	39.7	37.0
羊肚菌	31.4	8.3	35.9	15.1
双孢菇	55.3	1.3	15.8	19.7
猴头菇	26.0	2.59	9.1	54.5
金针菇	24.5	4.1	33.7	27.6
黑木耳	14.3	1.8	42.2	35.4
平菇	25.3	4	30.7	30.7

表6.2 常见食用菌的维生素含量　　　　　　　单位:mg

种类	A	B1	B2	B6	C	E
草菇	—	1.04	4.41	103.9	—	5.19
香菇	—	微量	0.96	24.1	12.0	—
银耳	0.05	0.09	0.11	—	—	1.06
羊肚菌	1.25	1.17	2.63	10.3	3.5	4.18
双孢菇	—	—	3.55	42.1	—	—
猴头菇	—	0.12	0.52	2.6	51.9	13.0
金针菇	0.30	1.53	1.94	41.8	20.4	11.6
黑木耳	0.18	0.20	0.52	26	—	13.42
平菇	0.13	0.8	2.1	41.3	53.3	10.5

1) 羊肚菌

羊肚菌又称羊肚菜、美味羊肚菌。子实体较小或中等,6~14.5cm,菌盖不规则圆形,长圆形,长4~6cm,宽4~6cm。表面形成许多凹坑,似羊肚状,淡黄褐色,柄白色,长5~7cm,宽2~2.5cm,有浅纵沟,基部稍膨大,生长于阔叶林地上及路旁,单生或群生。

分布于我国陕西、甘肃、青海、西藏、新疆、四川、山西、吉林、江苏、云南、河北、北京等地区。

可食用,味道鲜美,是一种优良食用菌。可药用,益肠胃,化痰理气。含有异亮氨酸、亮氨酸、赖氨酸、蛋氨酸、苯丙氨酸、苏氨酸和缬氨酸等7种人体必需氨基酸。可利用发酵罐培养菌丝体。

2) 玉米黑粉菌

玉米黑粉菌又称玉蜀黍黑粉菌、玉米黑霉。寄生在玉米抽穗和形成玉米棒期间,玉米各部位均可生长。冬孢子在土壤、粪肥、病株残体等处越冬,次年经空气传播到玉米株上发生黑粉病。此菌分布很广泛,是玉米主要的病害之一。

幼嫩时,可以食用,也可生食,有甜味,炒食别有风味。有一定的药用价值,经常食用可预防和治疗肝脏系统和胃肠道溃疡,并能助消化和通便。

6.2.2.2 有毒菌类的鉴别

野生蘑菇是大自然赐给人类的美味佳肴,它营养丰富、味道鲜美、肉质细嫩,自古以来就被人们视为食用佳品。但野生蘑菇有毒的和无毒的难以辨认,野蘑菇中有毒者达100多种,这其中又有近10种含剧毒。这些毒蘑菇的外观与无毒蘑菇相似,在野外杂生情况下极易混认,有的毒蘑菇毒性虽小,但进食过多仍可发生严重中毒。

由此可见,食用不熟悉的野生蘑菇是有很大风险的。那么,怎样才能正确识别毒蘑菇呢?这里介绍几种鉴别方法可供参考。

(1)看地点。无毒蘑菇多生长在清洁的草地或松树、栎树上;毒蘑菇往往生长在阴暗、潮湿地带。

(2)看形状。毒蘑菇一般比较黏滑,而且菌盖上常沾些杂物或长有斑块。菌柄上常有菌环(像穿了超短裙一样)。有菌环的蘑菇有毒的可能性很大,无毒蘑菇很少有菌环(图6.32)。

(3)观颜色。毒蘑菇多呈金黄、粉红、白、黑或绿色(图6.33)。无毒蘑菇多为咖啡、淡紫或灰红色。

(4)闻气味。有毒蘑菇通常有土豆或萝卜味,甚至刺鼻的其他难闻味道;而无毒蘑菇为苦杏或水果味。

(5)观察分泌物。将采摘的新鲜野蘑菇撕断菌柄,无毒的分泌物清亮如水,个别为白色,菌伞撕断不变色;有毒的分泌物通常比较稠浓,例如呈赤褐色,撕断后在空气中易很快变色。

注意,如果没有把握确定野生蘑菇是无毒的,千万不要食用。

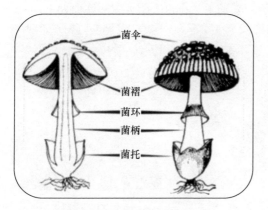

图 6.32　带有菌环的蘑菇

图 6.33　毒蝇伞

6.2.3　动物类食物

野外,尤其人烟稀少偏僻的地方,生活着大量的野生动物。野外活动的各类动物都可能成为潜在的食物来源。而且动物类食物比植物类食物更有营养,在有些地方,动物类食物可能比植物类食物更容易获得。

6.2.3.1　捕猎技巧

1) 掌握动物的生活规律和习性

在北方或者高纬度地区的冬天,多数植物枯萎了,由于缺少食物动物也就少了很多,很多昆虫等小动物没有了,北方蛇类、青蛙冬眠了,候鸟也迁徙走了,所以高纬度地区的冬天,不但植物类资源很少,动物类资源也少了很多。所以如果不了解一些动物的生活习性,在野外想找到它们也不是那么容易,捕捉就更无从谈起。因此,猎捕野生动物首先要掌握一些动物特征和生活习性,掌握它们的生活规律,知道动物的栖息地和一些捕捉方法等知识,对于我们能够迅速有效地获得足够的食物十分重要。

(1) 掌握动物活动的规律。通常来看,哺乳动物多在清晨和夜晚活动,食肉类的猛禽野兽大多在白天活动(图 6.34);大型草食性动物通常整天都在觅食,小型草食性和杂食性动物频繁进食、活动。发现动物的活动踪迹后,可以根据这些规律,选择设置合适的陷阱捕捉猎物。

(2) 动物活动的踪迹。注意观察地面上的动物足迹,如图 6.35 所示。清晨,如果露水或蜘蛛网被碰掉或破坏,说明不久之前有动物刚刚经过;有些动物(如兔子)活动半径不大,如果发现脚(爪)印,表明它们就在附近活动;有些动物习惯有自己的活动路线,例如被踩踏倒下的草丛,通道大小也表明了它的体型大小。

图 6.34 猛禽捕猎

图 6.35 动物足迹

(3) 啃食信号。例如,鹿类动物在夏季啃过的树皮成长条形,在冬季啃过的树皮有垂直牙痕或疤痕;兔类动物啃过的树皮边痕较为光滑;羊类啃食树皮留下歪斜的牙痕;啮齿类动物啃咬痕迹多位于树茎底部;如果发现地面上有散落的树木屑,树上可能有松鼠穴(图 6.36),但同时又发现有坚果或松子散落树下,表明可能是鸟类干的;在地面上一堆空果壳附近,可能有啮齿类动物的地洞。

(4) 排泄物。不同类型的动物排泄物也有自己的特点(图 6.37)。肉食类动物(狼、狐狸)粪便为长条形。哺乳类动物的粪便有强烈遗臭;植食类动物(牛、鹿、兔)粪便略圆,如马粪状;植食类鸟粪便体积较小,新鲜鸟粪为液态;肉食类鸟粪便为丸状,会有未完全消化的小动物残渣。松散的鸟粪表明在一定范围有水源;地面上鸟粪富集,表明周围会有鸟巢。

图 6.36 松鼠进食

图 6.37 动物粪便

(5) 掘出的土堆。例如,野兔会翻拱大块地面;较大动物经过,估计会有明显潮湿碎土;松鼠掏挖植物根茎会留下地表小面积扒痕等。

以上是一些动物的生活规律和习性,掌握了这些特点规律,对于我们在野外能够及时地发现并捕获动物具有重要的意义。这里要注意的是:在野外,一定不要食用显示出病态的哺乳动物,尽量不要食用动物肝脏等。

2) 常用的捕猎技巧

设置陷阱是常用的捕猎方式和技巧。

(1) 砸陷阱的设置。可以使用大一点的石头、木棍或木材堆作为砸陷阱的砸物。

① 4字形砸陷阱(图6.38(a))。触发机关仅由三根直杆组成。垂直杆:杆子的一端削成凿子形,并且要把中间部位削成三个互呈90°角的方柱。呈对角线放置的杠杆一端要削成凿子形,而另一侧要削一个凹槽。呈水平放置的杆子一端要削一个倾斜的咬合凹槽,大约在中间的部位削一个凹槽,而另一端要削尖用来串诱饵。在水平杆的尖部串一些诱饵,然后把这三根杆子相互咬合支撑起来,并把砸物慢慢放低靠稳。

② 滑绳砸陷阱(图6.38(b))。需要一根叉形树枝、一些绳子、一些诱饵和一根小木桩。将绳子的一端系在叉形树枝的一边腿上,另一端系在小木桩上。将小木桩夯入地面中,然后在绳子上系稳一些诱饵。现在将砸物靠稳在叉形树枝和绳子上,让绳子绷紧。当绳子啃断时,砸物就会落下来。

③ 弹杆砸陷阱(图6.38(c))。需要三根小木桩、一根弹杆、三根绳子、一根短栓棍、一根支撑棍和一些诱饵。在地面弄个小窝,然后从窝的中心夯入一根小木桩,直到桩顶接近地面为止。用绳子系个松圆环套在该小木桩上。用绳子将弹杆的一端与短栓棍连接起来,将诱饵放在短栓棍的顶部,然后用另一根绳子将支撑棍与弹杆连接起来。用支撑棍把砸物支起来,将短栓棍插入到小木桩松圆

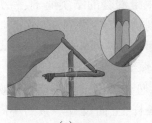 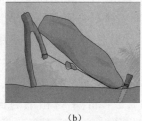 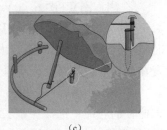

(a) (b) (c)

图6.38 砸陷阱

(a)4字形砸陷阱;(b)滑绳砸陷阱;(c)弹杆砸陷阱。

环中,并把剩余的小木桩夯入地面,通过与之前的小木桩形成角度让弹杆弯曲受力。当放诱饵的短栓棍受到推撞时就会释放,从而将支撑棍拉开,让砸物落下来。

(2) 圈套陷阱的设置。圈套陷阱通常需要绳索、金属丝与石头、树枝配套设置,更适合活捉猎物。

① 固定环圈套(图6.39)。这种陷阱圈套容易制作,而集强度、硬度和灵活性于一身的金属丝是最佳的材料(1mm左右的结实金属线,或者更好的多股钢丝编织而成的细钢索)。首先要判断野兔等小动物经常路过的痕迹,可以沿途设置多个圈套。这种圈套通常是一次性的,因为被套住的猎物通常使金属线扭到一起,有时候动物甚至能够挣断或啃断金属线。但是圈点也足以弥补其缺点,即制作和设置比较快捷。

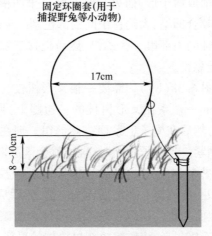

图6.39 固定环圈套

② 溺亡圈套(图6.40)。设置溺亡圈套需要一根带圈套的结实绳子、一块大石头、一根漂浮杆、一根用来支撑石头使之处于易倒状态的支撑棍。制作陷阱时,只需要将圈套绳绑紧在大石头上,末端留出一段用来系漂浮杆。将圈套环设置在动物下水的路径或滑道上。支起大石头,将圈套绳绑到支撑棍上。

③ 树干松鼠圈套(图6.41)。这种陷阱的设置,迎合了松鼠等小动物喜欢走捷径的心理。选择一根长1.5~2m、手臂粗细的长杆,上面设置一系列小圈套;树干保持粗糙、外观自然是最好的,因此不要把所有树皮都削掉;树干的一端有个树杈就再好不过了,这样就可以插入地面或靠在树上,避免树干滚动掉落。

④ 双面套陷阱(图6.42)。这类陷阱适合设置在动物经常路过的路径上。

把中间支柱固定在地面,中间横臂卡在支柱削好的卡槽位置,两端布置诱饵,四圈套与弹绳相连。

⑤ 鱼笼陷阱(图6.43)。这种陷阱适合在水流较快但不是很深的溪流或者小河沟内实施。可以用细柳(竹)条、芦苇或者竹片制作简易的鱼笼。入口端扩张,呈喇叭形,另一端逐渐收缩并扎紧。最好用石头或泥沙将水流围填至接近鱼笼入口宽度,然后把鱼笼固定在水流较为湍急的水口处。

图6.40　溺亡圈套

图6.41　树干松鼠圈套

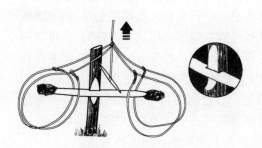

图6.42　双面套陷阱

图6.43　鱼笼陷阱

⑥ 鱼墙陷阱(图6.44)。这种陷阱适合设置在有潮汐的海边或者湖边。就近取材,涨潮时捡取大小合适的石头沿岸边堆砌鱼墙陷阱。需要注意的是,石块之间的缝隙要尽量小,把缝隙用小石子和泥沙堵住。退潮时,往往会有鱼被困在陷阱里面,到时来看看往往会有意外的收获。

⑦ 自制捕兽笼(图6.45)。制作简易的自制捕兽笼,这种简易捕兽笼的制作方法网络上有很多。在笼中放置食物作诱饵,用于诱捕小型动物。

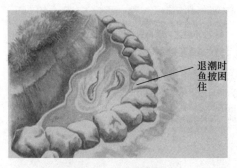

图 6.44　鱼墙陷阱

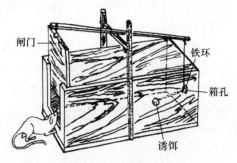

图 6.45　自制捕兽笼

6.2.3.2　猎物处理

野外生存时,尽量把要食用的食物进行热加工,弄熟了再进食。如果有现成的金属锅或者金属饭盒用来加热最好不过,如果没有,那可能就需要临时制作简易的炊具来进行加热烹饪食物,方式跟厨房烹饪类似——煮、煎、焙、烘、蒸、烤等。

煮。煮是最好的加工方法之一,因为可以保留食物汁液中的盐分和养分。如果没有金属容器来煮食物,可以用一块有洞孔的石头,或者找一段竹子或者中空的木头,将食物和适量的水一起放入其中,然后将其架置于火堆的上方。或者将烧得滚烫的石头放到食物中用于加热,待石头凉了之后取出,再接着放其他滚烫的石头,直至将食物煮熟。注意不要将潮湿的石头放入火堆中加热,例如溪流中或者其他湿地里的石头,因为被加热时可能会爆炸。用这种方法时,也可以用树皮或树叶来制作容器,不过这样的容器在水线之上的部分容易烧着,除非保持它们潮湿或者保持火足够低。其他可用于煮的容器有椰子壳、海贝、龟壳、剖开的竹子,甚至用动物的胃或者皮做成的袋子。封闭的竹子加热时可能会引起爆裂。如果确实没有煎锅,可以用石头煎炸食品。将一块平整、中间微凹的石头放在火上面,等石头热了之后,将油和食物放在上面加热直到煎熟为止。

蒸。用蒸的方式加热食物时,通常需要挖一个坑。烹调海鱼或者其他一些需要稍稍煮一下的食物,如车前草、青香蕉等,蒸是最好的方法。用大的无毒植物的叶子或苔藓包住食物,在已经铺好了煤的坑里先放一层包好的食物,然后铺一层叶子或苔藓,这样食物层和叶子或苔藓层相替交换,直到坑填满。插一根棍子使之穿过食物层和叶子或苔藓层,然后用更多的叶子或土尽量填满坑,然后拿出棍子。这是一个虽然慢却非常有效的烹调方法。

焙。对于采集到的坚果和谷物来说,焙是最好的选择。将坚果或谷物放在一个容器中,或者放在一块石头上,慢慢加热,直到坚果或谷物表面变焦为止。

烘。这种方式是将植物放置一个容器里,用中火慢慢烘烤。可以在火下面挖一个坑当作临时烘箱用,或者用一个密封的容器,也可以用树叶或黏土将植物包起来。方法之一是在地上挖一个坑,坑中放入一些热煤,将食物和一些水放入一个密封的容器中,将容器放在坑里面,再在容器上盖上一层煤和一层薄薄的土。另一个做法是在坑里面铺一层干燥的石头,然后生火,等煤烧完之后,把煤灰拨开一个小坑,再把容器放入煤灰中,接下来的步骤和上一种方法一样。也可以用岩石类的烤炉来烘烤食物。先用一块石头做底,然后在周围竖四块石头做炉壁,再用一块足够大的石头盖住顶部。沿着底座石头的边放一圈煤,然后把食物放在底座上,通过不断地增加、取出煤,可以使温度大致保持恒温。

烤。烧烤需要用到串肉扦或烤肉叉。用这种方法几乎可以在火上烤任何肉类食品,只需要将肉串在没有毒的棍棒或竹签上,然后放到火上烤,直至熟了为止。用这种方法可以保持肉中的肉汁,是烹调所有禽类或小动物的好方法。

6.2.3.3 常见有毒鱼类

鱼类是野外生存时极佳的食物来源。自然界的鱼类大约有 2 万 6 千多种,其中大约 2/3 生活在海水中,其余生活在淡水中。鱼肉可以提供丰富的蛋白质、维生素等营养。野外生存时,有水域的地方,基本都能够捕捉到鱼。但是,有些鱼类是有毒的,例如常见的河鲀、石鲉、淡水黄貂鱼、海水黄貂鱼、魔鬼鱼等,不小心误食后果很严重。

自然界的有毒鱼类可以分为三大类:毒鱼类、刺毒鱼类和毒腺鱼类。这里主要介绍毒鱼类。

毒鱼类又可以分为七类:肉毒鱼类、鲀毒鱼类、胆毒鱼类、肝毒鱼类、卵毒鱼类、血毒鱼类和含组胺鱼类。

1) 肉毒鱼类

肉毒鱼类主要分布在海洋中,生活在珊瑚岛附近,全世界约有 200 种肉毒鱼,我国沿海大约有 30 种,主要分布在广东沿海和南海诸岛,有时少数见于东海南部及台湾省。肉毒鱼类看上去和普通食用鱼差不多,且颜色艳丽多彩。有趣的是,它们在某个海域有毒,但到了另外的海域却没有毒,所以极易被人捕捞后误食。肉毒鱼类的毒素称为"雪卡"毒素,不溶于水,而是一种溶脂性物质,是对热十分稳定的神经性毒素。

中毒后,会出现胃肠道和心血管系统症状以及感觉和运动障碍,肌肉疼痛和极度疲劳等现象,随后由于呼吸麻痹而造成死亡。食用肉毒鱼类中毒后,目前尚无良方可治。

我国沿海的肉毒鱼主要是海鳝科、脂科、鲹科和鲷科等。例如分布于我国台湾省及南海诸岛的海黄鳝,外形和黄鳝相似,但个体要大得多(全长超过 1m),

体黄褐色,密布暗褐色斑点。海黄鳝肉毒性强,是肉毒鱼类的代表,因误食此鱼中毒者较多,甚至曾发生过食用海黄鳝中毒死亡的案例。中毒后症状剧烈,痉挛、麻痹显著,死亡率高。

2) 鲀毒鱼类

鲀毒鱼类是指鲀形目中内脏含有河鲀毒类的鱼类,这是有毒鱼类中比较著名的含剧毒的一种类群。

鲀科各属鱼类因体形似"豚",常在河口生活,故江浙一带称"河鲀"或"河豚",山东称艇鱼,河北称蜡头,福建称街鱼,广东称乖鱼(图6.46)。

图6.46 河鲀

河鲀(一般指河豚)鱼肉鲜美,自古言:"食得一口河鲀肉,从此不闻天下鱼",但处理不当或者贪食太多则会让人一命呜呼。河鲀所含有的河鲀毒素为神经毒素,其毒性比氰化钾要高近千倍。在日本,每年都有一些人因误食河鲀中毒而死。

鲀毒鱼类以东方鲀为代表,广泛分布于我国沿海。其中一部分种类,每年3—5月间进行生殖洄游,由海中上溯到江河进行繁殖,北自辽河、白河、中朝界河的鸭绿江,南至长江、钱塘江、珠江,其中以长江下游为多。

东方鲀(河鲀)内脏含毒,毒量多少因部位及季节不同而有差异。据长沙水产研究所等单位研究,一般来说,卵巢和肝脏有剧毒,其次为肾脏、血液、眼睛、鳃及皮肤,精巢和鱼肉无毒。虽然新鲜的鱼肉可视为无毒,但如果河鲀鱼死后较久,内脏毒素会溶入体液中渐渗入鱼肉中,仍不可忽视。个别种类的肠、精巢乃至鱼肉也有弱毒。

河鲀产生的毒素包括河鲀素、河鲀酸、河鲀卵巢毒素及河鲀肝脏毒素等。目前对于这些毒素的理化性质尚不明确,就以河鲀卵巢毒素而言,把卵巢毒素煮沸2h后,才能使其毒性失去一半,在120℃加热30min,或200℃以上加热10min,才能使其毒性消失,河鲀肝脏毒素也是这样。

3) 胆毒鱼类

胆毒鱼类就是指胆汁有毒的鱼类,其典型代表为草鱼,其次是青鱼、鲤鱼、鳙鱼和鲢鱼,这些鱼类是我们经常食用的主要淡水鱼类,肉味美,产量大。

由于胆毒鱼类的胆汁含有胆汁毒素,吞服鱼胆越多,则中毒症状越严重,甚至死亡,目前对胆汁毒素的机理尚不明确。

胆毒鱼类的主要种类以我国"四大家鱼"和鲤鱼为主,其毒力、毒量及毒理作用尚不明白,仅知其胆汁毒素能耐热,吞食煮熟鱼胆仍能中毒。

4) 肝毒鱼类

鱼肝一般无毒,但有少数鱼肝有毒,如兰占马鲛、鲨鱼、红鱼等的新鲜鱼肝,进食过量会引起急性中毒。因为这些鱼类的肝脏中含有大量的维生素 A、维生素 D 和脂肪,除进食后引起维生素过多症外,在肝油中还含有鱼油毒、痉挛素毒和麻痹毒,这些毒素都可以引起中毒。

一般食后 1~6h 发病,出现头痛、眩晕、嗜睡、胃肠不适、恶心、呕吐、食欲减退、腹泻、腹痛,眼部表现为眼结膜充血,瞳孔轻度放大,视力模糊。此外,还出现面部和四肢浮肿、全身乏力、口渴、唇干、口舌麻木、体温升高、皮肤潮红等,并伴有不同程度的脱皮现象,一般病后 2~3 天,自鼻唇沟和四周开始呈鳞屑状脱皮,并扩散到四肢或身体,严重者还会脱发、脱屑,病程可持续 1~2 天,甚至 1 个月左右。为了预防中毒,不宜生食其鱼肝。

5) 卵毒鱼类

某些鱼类(如鲤科的裂腹鱼类、光唇鱼属的一些种类)在繁殖时,其鱼卵有毒,含有鱼卵毒素,煮食后仍有中毒的可能。

如果成人吃了有毒鱼卵 100~200g,很快就会出现中毒症状,最常见的就是我国青藏高原的青海湖所产的湟鱼(又称青海湖裸鲤),分布于青海湖水系,它是青海湖唯一的捕捞对象。肉味鲜美,一般制成鱼干后外销。在繁殖季节,其卵巢和精巢有毒。误食其生殖腺后 4~5h 开始腹泻,继之呕吐。腹膜也有毒,新鲜鱼的腹膜如未除净,食者也会发生中毒。

6) 血毒鱼类

某些鱼类的血液(血清)中含有毒素,鱼血中毒大多是通过胃肠道引起的,大量生饮鱼血,有时发生中毒,或人体黏膜受损。我国常见的是鳗鲡、黄鳝之类。

一般来说,这些血毒鱼类的血液有毒。毒素可被加热或胃液所破坏,但生饮其血液会引起中毒,毒素还对黏膜有强烈的刺激作用。人体黏膜受损或手指受伤,接触有毒血液会引起炎症、化脓、坏疽。同时,由于淋巴系统发炎、浸润,严重的还会引起组织浮肿。

为了防止血毒鱼类中毒,除不吃生鱼和生饮血毒鱼类的血液外,口腔黏膜、眼黏膜和受伤手指不能接触,以免引起炎症。

7) 含组胺鱼类

鲐鱼、金枪鱼、鲣鱼、秋刀鱼、鲭鱼、沙丁鱼体内组氨酸含量较高,当这类鱼贮存不当或不新鲜时,尤其是在捕获后的一段时间内,细菌会把这类鱼中组氨酸转变成大量的组胺,当组胺积蓄到一定量时,人类进食后便会产生过敏性中毒。因此,这类鱼在被我们捕获后一定要趁新鲜尽快食用。

第7章 水上自救与互救技能训练

水上飞行,特别是海上飞行,是世界上最危险的工作之一。由于气象条件、飞行任务差异等因素,水上飞行与陆基飞行相比,事故发生率更高。据国外有关文献报道,在同等情况下,海上飞行遇险概率较陆基飞行大大增加,特别是在舰船、钻井平台上起降时危险性更大。据加拿大军方统计,在37起飞机和直升机坠水事故中,直升机飞行员预警时间不足1min,而其中的29起事故预警时间还不足15s。根据理论计算,50%的坠水直升机在1~2min之内完成坠水、下沉、翻转、沉没等全过程,飞行员离机逃生过程极其复杂。直升机水上飞行事故发生后,由于机身质心的转移极易发生翻转,发生翻转后,一般在15~20s之内完全沉没。据报道,美国海军1977—1995年间共有300架直升机坠入大海,因无法迅速离机死亡380人。据统计,2003—2004年,国外共发生14起直升机水上事故,机上人员幸存16人,5人失踪,75人遇难。

我国近年来也发生了多起直升机水上飞行事故:2009年4月12日,一架"直九"直升机,离开"雪龙"号起飞后不久失事坠江,机组4人中3人获救,1人遇难;2011年8月17日,北京警方一架警用直升机在结束搜救训练返航途中,坠入密云水库,机上5名机组成员4人遇难;2012年7月21日,云南省楚雄市青山嘴水库发生一起云南通用航空有限公司"贝尔206L-4型"直升机坠落事故,致1人遇难,2人受伤;2014年4月10日,"贝尔-407"直升机在训练过程中在北京密云水库坠落,机上飞行员1死1轻伤;2015年3月20日,合肥一架AK1-3小型直升机坠入董铺水库,机上2人,1人遇难;2015年6月6日,华彬天星通航一架"罗宾逊"直升机在密云机场本场空域执行训练任务时掉入水库,2名飞行员确认遇难;2016年5月1日,河南永翔通航一架R44直升机,在济源市坠入河口村水库,机上共有4人,2人跳水获救,2人遇难;2016年8月17日,黑龙江九州通航一架R66直升机在黑龙江齐齐哈尔进行飞行训练时坠入嫩江浏园景区水域,直升机上3人逃出。8年间共8起事故,机上遇险总人数达25人,其中遇难12人。直升机水上飞行失事后,伤亡率较高。

　　航空器坠水后,巨大的冲击、翻转时的旋转、突然入水后的慌乱、水中不可见的黑暗环境,诸多因素对成员的心里造成极大影响。所以合理的逃生原则、正确的逃生顺序和逃生措施等是成功的关键因素。制定水下逃生方案和救生手册,并进行专业的自救互救训练就显得十分必要。美国海军安全中心统计,未开展水下逃生训练时,直升机落水后应当能生还的人员中,有32%未能离机而死亡,开展水下逃生训练后,未能离机而死亡的人员比例在1984年下降至8%,在1985年下降至0。美国诺福克海军基地(美国最大的海军基地)安全中心的研究报告也表明,训练对保障直升机飞行安全和发生坠海事故时飞行人员的成功逃生起到积极作用,能使直升机坠水人员的死亡率明显降低。

　　由此可见,对水上飞行人员进行水上自救与互救训练,是提高对遇险飞行人员逃生成功率的有效途径,很多国家都开展了相关训练。世界上多个国家如美国、俄罗斯、法国、日本、澳大利亚、加拿大、爱尔兰、芬兰等都建立有水下逃生训练中心或基地,专门开展飞行员海上自救互救训练工作,并对飞行人员救生训练提出了严格的训练标准与要求。英国海上生存训练中心建有水下脱险训练单元,也称沉箱。训练内容包括海上逃生知识、各种逃生装备器材的使用方法、水上训练和海上综合演练等。成立于1982年的加拿大生存系统公司也建有模块化出舱训练器,并在加拿大和美国建有训练中心。澳大利亚有一个专门的训练组织——关爱飞行训练服务处(Careflight Training Services,CTS),该组织在澳大利亚的各大城市和区域中心开展直升机水下逃生训练(helicopter underwatere escape training,HUET),每年接受训练的人数超过3000人,通过训练使事故造成的水下人员幸存率提高2.5倍。

　　多国都要求航空飞行人员取得直升机水下逃生训练合格证方能上机,而且每3~4年必须接受一次复训,不合格参训者将被淘汰,不再从事飞行任务。训练内容包括水下逃生训练和海上生存训练,部分国家还要求直升机飞行人员必须从5m高的跳板上跳入水池练习游动。

　　我国航空器的水上自救与互救训练的研究始于20世纪90年代,起步比较晚,但发展比较快。我国海军航空兵在水下逃生训练方法、技术、步骤、模拟训练器、防护装备等方面已经有了比较成熟的技术。由海军医学研究所主持完成的直升机飞行员(乘员)海上救生装备及水下逃生方案的研究课题于1996年10月23日在上海海航后勤技术部主持通过了成果鉴定,在模拟坠海直升机舱内逃生的试验中成功率和安全率均达100%,这项研究部分项目达到了世界先进水平。2000年4月,海军医学研究所编制的《直升机乘员水下逃生规范》

(GJB 3924—2000)正式颁布,总结了国内外直升机海上迫降和坠海后乘员进行逃生的经验和教训,规范了应采取的逃生方法和步骤。陆军航空兵学院作为目前全国规模最大的直升机飞行员培训院校,近年来也对直升机水上自救与互救开展了大量的研究和训练,初步形成了完整的研究训练体系。大连海事大学、中国海洋石油总公司、上海警航大队等地方单位都建立了水下逃生训练基地。交通运输部救助打捞局与大连海事大学还共建了国内首个救捞领域的专业——"救助与打捞工程"专业,并在大连海事大学设立了救助与打捞工程实验室。中国海洋石油总公司还将直升机遇险水下逃生训练纳入《海洋石油安全管理细则》。这些研究和实践成果都为飞行员水下逃生训练研究奠定了较好的基础。

需要注意的是,固定翼飞机(水上飞机除外)由于速度较快,水上迫降成功的概率较低,一般采用空中离机跳伞的方式进行自救。当然,如果固定翼飞机能迫降成功,由于其构造特点,水面上的出舱逃生比较容易,成功率较高(如2009年全美航空1549号航班迫降事件)。而由于直升机构造复杂、飞行环境多变、操作难度大、事故突发性强等特点,水上飞行的事故率较固定翼飞机高,在水面发生事故后虽然更容易迫降,但也更容易下沉翻转,使机上乘员在迫降成功后出舱逃生更困难。研究直升机的水上自救互救更有切实的意义和操作性。因此,本章主要阐述直升机飞行员在水面飞行时的自救与互救训练。

目前我国开展的训练中,主要还是航空器坠水后水下逃生阶段的训练,飞行员入水前的水面迫降阶段以及出舱后漂浮待援阶段的训练比较缺乏。在撰写本书时,结合目前正在探索的迫降训练和水上漂浮生存训练,对相关内容进行了探讨。

7.1 水上自救互救基础能力

水上飞行的直升机,一旦发生事故迫降在水面,遇险飞行人员自救互救会面临较大难度。未加装浮筒的直升机落水后,水面漂浮时间很短,可能很快沉入水中,而且由于直升机的重心大多在机体上部,因此直升机在下沉过程中很可能会发生翻转。另外,由于水面下巨大的水压,直升机舱门难以顺利打开。这些因素都会导致直升机飞行人员出舱困难。事实上,在水上自救互救过程中,飞行人员正确的临机处置非常重要,往往一个小小的差错就可能造成逃生失败。因此,直升机一般配有相应的逃生装备,乘员也应具备水上自救互救基础能力。

7.1.1 熟练使用相关装备

水上自救与互救是一个复杂困难的过程,当直升机迫降或坠毁在水上后,往往会面临着复杂的环境。因此,在执行水上飞行任务前,必须在直升机上准备好相应的救生装备。一旦发生意外,飞行员可以借助于救生装备快速安全地逃离直升机。而这些装备的使用方法必须在平时的训练中让飞行员熟练掌握。

7.1.1.1 自携式水下应急呼吸器

相对于固定翼飞机来说,直升机的座舱结构更容易进水。根据统计,即使在可以逃生的事故中,也有约15%的机上人员死于溺水。在水上迫降过程中往往会有以下几个因素容易导致飞行人员溺水:①在撞击水面过程中,直升机可能会快速下沉和旋转,在恐慌、迷向和快速入水的情况下做好呼吸准备难度很大;②飞行员紧张慌乱的心理状态、上舱体位置的剧烈变化,以及进水时舱内产生的波浪和气泡,都会极大地增加飞行员找到舱门出舱的难度;③如果事故发生在冷水域(水温低于15℃),控制呼吸会变得非常困难;④机上人员必须经历一个游泳和拖曳过程逃生上浮到水面。顺畅的呼吸和充足的氧气供应,对于飞行人员在水下逃生时生理心理的应急反应、保持头脑清醒至关重要。因此,除了配备常规的水上救生装备外,直升机还应专门配备水下应急呼吸器,以供飞行人员在水下逃生时应急呼吸。

直升机在执行水上飞行任务时都应配备自携式水下应急呼吸器,如图 7.1 所示。这种设备使用非常简单。该设备通过使用一个独特的防水咬嘴方便使用者自主呼吸操作。呼吸的空气通过一个调节阀以较高的流量供给使用者。该套呼吸设备具有可靠性高、操作步骤简单的优点,能大大提高飞行员水下逃生的生存概率。

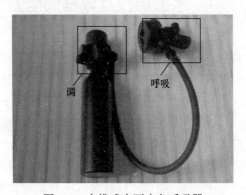

图 7.1 自携式水下应急呼吸器

7.1.1.2 气胀式救生衣

飞行员在水下逃生之后需要在水面等待救援,救生衣可以帮助飞行员出舱后快速上浮,并长时间漂浮在水面上,防止飞行员因体力不支而溺水。

救生衣是航空人员最早使用的水上救生装备之一,早期的救生衣是将硬质泡沫用织物缝包,制成背心形式使用。这种救生衣显然体积大、热负荷大,且遇水后立即上浮,不适用于航空人员水下出舱使用,现在航空上已基本淘汰。目前,在航空上使用的救生衣基本是采用二氧化碳气瓶充气式的气胀式救生衣,囊体多为聚氨酯涂胶布热合成形,具有质量轻、强度高、气密性好等优点。

气胀式救生衣的主要组成部分是密封充气式背心气囊、微型高压气瓶和快速充气阀。在紧急情况下,可以用手拉动快速充气拉环,充气式背心气囊可在 5s 内完成充气,产生 $8\sim15\mathrm{kgf}$[①] 的浮力。如在水中时间过长,气室气体不足时可用嘴吹气管补气。在前胸口袋处备有哨笛,可在紧急情况下求救使用。使用气胀式救生衣要注意:禁止在离开机舱前将救生衣充气,防止机舱入水后救生衣产生浮力使飞行员难以移动和出舱。同时在逃生时要注意防止尖锐物体划破救生衣。直升机飞行员的气胀式救生衣一般采用脖式的结构(图 7.2(a)),而固定翼飞机飞行员的气胀式救生衣一般采用腋下的形式(图 7.2(b)),以方便使用降落伞。气胀式救生衣还有手动充气和自动充气两种。对于飞行员,考虑到意外充气对离机出舱的影响,不宜用着水自动充气式的救生衣,而应采用在离开机舱后手动充气的形式。

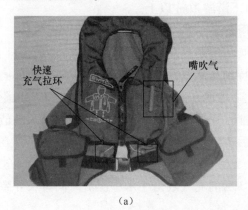
(a)

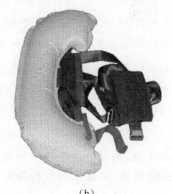
(b)

图 7.2 气胀式救生衣
(a)脖式气胀式救生衣;(b)腋下气胀式救生衣。

---

① $1\mathrm{kgf}\approx9.8\mathrm{N}$。

7.1.1.3 水下照明指示灯

直升机入水后,飞行员往往会面临黑暗的环境,很难快速准确地找寻出舱口。水下照明指示灯安装在机舱内部,用来指示逃生出口方向,帮助沉入水中的机上人员快速准确地找到应急出口。目前,供直升机装备使用的水下照明指示灯通常可以一灯多用,具有低电压、微功耗、高亮度、抗冲击、水密性好等优点。可为落水人员及时有效地提供应急照明指示和安全警示。

7.1.2 基本逃生技能

水下屏气及潜泳是成功进行自救互救的基本能力,对飞行员的逃生脱险至关重要。所有参训者必须能够水下屏气达到 40s 以上,并至少能够潜泳 10m。应根据参训飞行员不同的身体状况,应用不同的教学方式,循序渐进、由简入难,使每个参训者能够顺利通过训练。通过水下屏气及潜泳练习,使每个参训者熟悉水下训练环境,在水下如何提高屏气能力,缓解参训飞行员的紧张心理。需要注意的是,水压越大,水温越低,水下屏气的难度越大。因此,水下屏气的训练可以循序渐进,让水温由高到低,深度由浅入深,逐渐增大训练难度。

7.1.2.1 自携式自主呼吸系统的使用

自携式水下应急呼吸器能帮助使用者增加在水中活动时间达到 2min,增加乘客的逃生机会。每个参训者在培训师带领下掌握该设备的使用方法,使用者需使用自携式水下应急呼吸器在水下潜游 10m 以上。

7.1.2.2 气胀式救生衣的使用方法

飞行员在执行水上飞行任务前,一定要先穿好气胀式救生衣,再进入机舱。救生衣的穿戴一定要按规定实施,特别是从背部经过裆部穿到胸前或腰部固定的两条束带要扣牢,只有这样,救生衣才能在激流风浪的冲击下始终牢牢地附在飞行员的身体上。当飞行中出现危险情况,直升机坠入水中,要在出舱后才能拉下救生衣的拉环,否则在舱内进水后,救生衣巨大的浮力会使得飞行人员浮在舱内水面上方,甚至被顶在机舱顶部,无法从舱门出舱。气胀式救生衣还有人工充气的吹嘴气管,可用于气瓶拉环损坏后的充气或由于水中漂流时间过长导致气囊气体不足时补充气体。

7.1.2.3 救生斧的使用

航空器坠入水中后,有时会因为入水时遭受的冲击力过大而导致门窗变形,以至于在出舱时无法顺利打开舱门,此时就需要使用救生斧劈开变形的舱门或舱窗。

7.2 水下逃生

直升机坠入水中后,飞行员如何从机舱内逃离,是水上自救与互救过程中最关键的一环。在这一环节中,飞行员往往要面临水下逃生的挑战。决定直升机飞行员水下逃生能否成功的关键因素有以下四点:一是在直升机迫降(坠水)过程中,直升机的姿态、速度及负载急剧变化,冲击着水、下沉、翻转、沉没的状态也不相同,容易对飞行员的身体造成意外伤害;二是直升机驾驶舱空间较小,飞行员在直升机迫降过程中,易产生巨大的恐惧心理,对水下方向感判断、头脑反应、解决问题的信心等造成不良影响;三是直升机以不同姿态和角速度在水下翻转过程中,容易造成飞行员水下空间定向障碍,难以建立正确的逃生路径;四是水下离机程序、通道选择、救生装备使用、机组相互协作、等待救援等步骤都将直接影响飞行员水下逃生。因此在水上自救与互救训练时,对于这些水下逃生时可能会面临的难点要有针对性的训练措施。

7.2.1 水上遇险迫降前的准备

当直升机在水上飞行发生故障或受损需要迫降时,往往要在空中经历一个阶段。机上人员必须把握住迫降前的黄金时间,做好迫降的准备,为水下成功逃生打下基础。

直升机发生故障,确认故障无法排除情况下,飞行员及时按照下列要求采取迫降措施:

(1)机长应及时发出失事求救信号,报告请示迫降,选择好迫降水域,迫降水域尽量选取在风浪较小、接近海岸但又远离浅滩礁石的区域。

(2)在直升机姿态尚可操纵控制时,应争取逆风着水降落,尽可能避免直升机直接坠水。

(3)装有应急浮筒或漂浮系统的直升机,在着水前应按要求及时地释放应急浮筒及漂浮系统。如果飞行状态控制得较好且时间允许,可提前打开或抛放逃生舱门,预留逃生通道。如果机上备有救生筏,手动充气的最好提前充气,在着水前的最后阶段将救生筏沿机身侧后方抛至水面;自动充气的救生筏可以直接抛至水面。

(4)临近水面时,切断电源,打开具有独立防水电源的水下照明指示灯,做好个人防护。将耳机取下收好,防止耳机线缠绕影响逃生。检查一下提前穿好的救生衣是否束牢,但注意不要提前充气,防止航空器入水后被舱内涌水顶起或卡住舱门影响离机。准备好自携式水下应急呼吸器,将呼吸器放入口中,准备离机。

该阶段的针对性训练主要通过地面授课的方式,讲授舱门应急抛放以及救生筏的抛放使用技能,安排参训者分组练习。训练内容比较简单,关键是加强飞行员对流程的熟练程度。如有条件,可在实装机或模拟器上进行演练。

7.2.2　着水阶段的准备

飞行员在水上迫降着水时,通过控制直升机迫降的空速、下降率和直升机的姿态来做好迫降着水的准备。机上人员要采取下列措施:

(1) 当直升机距离水面一定距离时,可在直升机飞行姿态、高度和速度条件允许的情况下,迅速跳离直升机,并向着直升机飞行的反方向,游离事故区域。此时,直升机的旋翼很可能已经呈无规律旋转状态,十分危险。逃生过程中一定要注意远离旋翼旋转的范围。

(2) 在飞行姿态、高度和速度条件不允许或错失最佳脱险时机时,机上人员应在机舱内做好抗冲击防护准备,收紧安全带。

(3) 当乘坐方向与飞行方向相同时,立即弯腰,双手抱膝,尽量将身体抱成一团,减小身体面积。也可采用一手抓牢反向肩膀,将头搭在手臂上,护住面部,另一只手撑住反向膝盖,身体前倾的保护姿势(图7.3(a))。当乘坐姿势与飞行方向相反时,应采用双手扣住平展,放在头后枕部,身体挺直,后背紧靠椅背的保护姿势(图7.3(b))。

(4) 直升机着水后应立即关闭发动机,关闭防火开关,切断油路。防止高温高速运转的发动机起火爆炸。

(a)

第 7 章　水上自救与互救技能训练

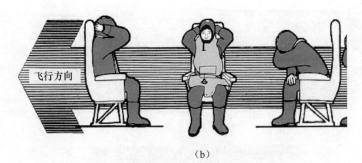

(b)

图 7.3　迫降前准备姿势
(a)飞行方向迫降姿态；(b)不同朝向的迫降姿态。

(5) 直升机水上迫降后,若安装有浮筒或姿态和风浪条件较好,会在水面上漂浮一段时间。此时飞行员应抓紧时机进行旋翼刹车并待旋翼停转、机体姿态平稳后迅速撤离。撤离时应逆风逆水并尽可能远离直升机,直升机在水中的稳定性较差,乘员应尽快主动撤离,同时要避免直升机起火爆炸导致的伤害。

飞行员应熟记该阶段的行为步骤和注意事项,并进行抗冲击防护训练,通过模拟直升机迫降冲击力环境,训练参训者抗冲击能力,参训者要在冲击过程中熟练采取个体防护措施,在体会冲击训练时,可在模拟器上进行。训练过程中注意佩戴好头盔,系好安全带,最大程度上贴近真实场景。

7.2.3　入水阶段

执行水上飞行任务的直升机,最好在机身上配置浮筒,很多型号的直升机在设计制造时也预留了浮筒的安装空间(通常在机轮或滑橇附近)。浮筒是由橡胶制作的,平常折叠收藏。当直升机迫降到水面时,飞行员操作打开浮筒,飞机就可以利用浮筒的浮力迫降并漂浮在水面。有的直升机上的浮筒是自动开启的,当直升机迫降到水面时,按钮感受到水的压力而打开二氧化碳的瓶头阀,给浮筒充气。如果直升机在入水时状态比较稳定,且水面波浪较小,那么直升机可以借助浮筒漂浮一段时间(图 7.4(a)),飞行人员有充分的时间离开直升机。但是,不要长时间停留在直升机上,由于直升机的重心在机体上部,直升机可能会受波浪影响导致不稳定甚至发生倾覆(图 7.4(b))。

另外,直升机存在一定的舱内空间,就算没有浮筒装备,机内空间的空气也会产生一定的浮力。在理想情况下,可以使直升机在水面漂浮 2min 左右,待水涌入到一定程度后才会沉没。机上人员要利用这段黄金时间,清理逃生通道,逃离直升机。直升机机上人员通常较多,逃生要注意利用好逃生通道,飞行员可以

(a)

(b)

图7.4 配置浮筒的直升机

(a)迫降后带浮筒的直升机;(b)受风浪影响而倾覆的直升机。

利用驾驶舱的应急出口逃生,乘员可以利用后舱的应急出口逃生。出舱时切记不要拥挤、不要向后蹬腿,防止影响后续人员逃生。

在入水阶段,飞行员应采取下列措施做好逃生准备。

(1)直升机坠水后,机上人员应按水下照明指示灯指示的出口离机。无水下照明指示灯的情况下,应在机身翻滚前确定好自己的出口方向,在直升机滚动时应抓住座椅、门框把手等固定物,不但可以防止受伤,还可以确定自己在机舱中的相对位置。

(2)直升机无漂浮设施或设施失灵时,着水后会有大量的海水涌入,机内人员应避免惊慌失措,必须系好安全带,紧靠座椅。待涌流平稳后飞行员需要迅速建立好方向感,解脱安全带,脱掉身上重物,尽快逃生。

(3)作为机长应最后弃机。有旋翼刹车装置的直升机,机长要按该型直升机飞行手册要求,在机上人员逃生出舱前使用旋翼刹车,防止旋翼旋转引发的险情。

(4)在险情发生后迅速抓住座椅或门框把手等固定物;在空间定向受影响的情况下,飞行员找准旋翼刹车位置并进行刹车,这些都是进行本阶段训练的重点,需要在模拟环境下开展训练,培养参训者的能力。

由于未装备浮筒的直升机入水后会很快翻转沉没,该阶段飞行员能够成功出舱的概率比较小。但如果各方面因素都具备且飞行员行动迅速、操作熟练,还是有可能在直升机完全沉入水中前出舱的。

如果飞行人员在直升机水上迫降阶段没有成功出舱逃生,直升机已经入水、完全沉没(图7.5),而且由于直升机的重心大都位于机身上部,因此入水后会很快翻转(未加装浮筒的直升机,一般1min左右就会翻转)。此时飞行人员面临的情况就更加危险,必须及时在水下进行出舱逃生。在这个过程中,直升机舱门水下打开方法和水下出舱离机的方法就尤为重要,7.2.4节就结合直升机的特点加以研究。

图7.5 沉入水中并发生倾覆的直升机

7.2.4 水下出舱阶段

7.2.4.1 水下出舱方法

当直升机已经完全沉没入水,飞行员应按照下列程序水下出舱离机:

(1) 准备好自携式水下应急呼吸器,打开自携式水下应急呼吸器的调节阀,在舱内水位即将淹没头部时戴上呼吸器,咬住咬嘴进行呼吸。

(2) 待直升机旋翼停转,水涌入趋于平稳时解开安全带,清理好逃生通道。检查耳机是否已经摘下,将耳机线、安全带放好,防止逃生过程中缠住手脚。抓住舱内固定物,按照水下照明指示灯指示方向潜向逃生出口。

(3) 找到并打开舱门,准备出舱。该环节十分关键,详见7.2.4.2。

(4) 舱门打开后,双手抓住舱门边,用力拉住舱门周边的机身,身体顺势滑出机舱。在出舱的过程中严禁双腿用力后蹬,以免伤到后面逃生人员,影响后续人员的逃生。

(5) 在离开机舱前,无论发生任何情况都不允许给救生衣充气。一方面,救生衣充气后,乘员会随着进水量的增加浮于机舱水面,头部有可能会碰上机舱顶部,乘员想重新潜入水中从应急出口逃离机舱比较困难;另一方面,穿着充气的救生衣,身体体积增大,增大了从应急出口逃生的难度,同时在逃生过程中容易将救生衣划破。

(6)水下出舱后应游出直升机旋翼直径范围后再上浮,防止上浮过程中撞到机体或旋翼而受伤。在游出旋翼范围之外后,应调整好身体的姿态,同时找到气胀式救生衣的充气拉环并拉开,出舱人员可以利用救生衣的浮力及时上浮。

(7)上浮到水面后,摘下呼吸器咬嘴。携单人救生船者拉出救生船,充气展开后爬上船。如乘员共用多人救生船,应立即游向着水前抛至水面的救生筏处,展开充气,相继爬上船。携救生浮环者拉出救生浮环后将手臂套入环内。

在水下出舱过程中需要注意以下三点。

(1)准确的空间定位十分重要。如果发生直升机突发坠水,机身在水中倾覆、翻滚、倒置时,会使乘员出现定向障碍,出现照明指示与自我感觉的方向不一致的情况,此时应坚信并按照明指示的方向逃生。直升机突发坠水发生在夜间,又遇水下照明指示灯系统故障时,应利用由供气装置提供的水下呼吸时间,首先参照周围的固定装置和目标,辨明自己所处位置,对前、后、左、右做出方向判断,并抓住座椅等固定物,寻找舱门。

(2)当失去自携式水下应急呼吸器时,乘员应在水位淹没头部前,尽快向逃生舱口处移动,抓牢舱内固定物,当水淹到嘴巴之前,深吸一口气,潜入水中。

(3)如果乘员未能抓牢座椅等固定物,因海水的涌入或衣服、救生背心的浮力而上漂时,应首先辨明方向,看清照明指示灯光,用手扶着机舱"顶"部,迅速向逃生舱口方向移动,到达舱口处,一只手抓住门框等固定物,另一只手沿舱门摸到开门把手,打开舱门,潜出机舱。

7.2.4.2 机舱的水下出口

为了在水下迅速找到出口,飞行员一定要在水下出舱前建立好方位感,应在入水前抓牢座椅下缘或靠近座位的舱门手柄,以固定自身的相对位置,方便之后的舱内定位。看到或摸到舱门应急抛放手柄后,应将其保护盖板打开,随时做好抛放舱门的准备(图7.6)。当机身刚沉入水中时,舱门内外有一个较大的压力差,仅凭单人力量打开舱门有一定难度。因此要等机舱内注入一定量的水,平衡一部分压力后,才可利用抛放装置快速打开舱门。如果舱内注水速度太慢,应当机立断使用救生斧或其他尖锐物体将机舱玻璃砸开。让水尽快涌入,达到内外压力的相对平衡,以便迅速打开舱门。

当舱内注入一定量的水后,内外压力相对平衡。此时,按照机型操作规程迅速按箭头方向拉动应急抛放手柄到规定位置,双手同时用力推应急抛放舱门(图7.7),将舱门抛放掉。如果单人力量不足以打开舱门则做好协同,两人或多人合力打开舱门。

图7.6 打开应急抛放手柄保护盖　　　　　图7.7 双手用力推应急抛放舱门

当突发直升机坠水,机身已变形,出口舱门无法正常打开或应急抛放时,应及时寻找其他应急出口进行逃生。通用型直升机通常设有多个应急逃生出口,如米-8系列直升机为保证机内人员在紧急情况下快速离开直升机,除机身侧壁舱门外,还设置有驾驶舱左右观察窗应急出口、驾驶舱顶部舱门、外挂钢索输出舱门以及尾部货舱门。如果所有可利用的逃生舱门都无法正常打开,应立即用机上的救生斧或其他随手可取的金属工具击破、劈开出口舱门或机舱玻璃等机身结构比较脆弱的区域,逃离机舱。

7.2.5 水下逃生训练

开展水下逃生迫降前准备、着水、入水、沉没、离机五个阶段逃生训练,需要在相应的模拟系统中完成。直升机飞行员水下逃生模拟训练系统由逃生训练模拟器、起吊装置、信息采集系统、训练水池、水下照明指示灯、自携式水下应急呼吸器等设施组成,通过模拟直升机坠水姿态和加速度、直升机下沉翻转、水上复杂气候等场景,使坠水飞行员体验真实的直升机坠水的冲击感、水下方向感和平衡感缺失、缺氧等困难,训练遇险飞行员的情绪控制、救生装备使用以及逃生方法、步骤、技巧。水下逃生训练的其他训练装备还包括水下训练头盔、训练用护膝、水下作业靴、水下作业手套、水下训练眼镜、救援套、自充气式救生背心、训练辅助人员用浮水衣、负重写字板、救护员用潜水气瓶、救生员用潜水服、训练用潜水服等器材(图7.8)。

图 7.8　水上救生技能训练专用器材

(a)水下训练头盔;(b)训练用护膝;(c)水下作业靴;(d)水下作业手套;(e)水下训练眼镜;(f)救援套;(g)自充气式救生背心;(h)训练辅助人员用浮水衣;(i)负重写字板;(j)救护员用潜水气瓶;(k)救生员用潜水服;(l)训练用潜水服。

训练的重点是在直升机模拟机舱沉入水中并发生翻转的过程中,训练飞行员水下方向感重建能力,并能够找准逃生出口,在沉入水中后尽快出舱上浮,如图 7.9 所示。参训者在训练时要采取正确的个人防护,避免被翻转的模拟器碰伤;在水下环境中要保持清醒,正确掌握有利逃生时机,安全离机。另外,该项训练有一定的风险性,因此模拟器在设计和制造过程中要有充分的安全裕度,在开展该项训练前,参训者要完成水上自救互救基础能力的训练,具备基本的屏气、潜泳能力,能够熟练使用自携式水下应急呼吸器和气胀式救生衣,熟知逃生流程。在该项训练过程中,还要有 2 或 3 名经验丰富的安全教练在模拟器旁保证训练安全,随时应对水中的突发性意外。

图 7.9　水下逃生模拟训练
(a)设备准备;(b)人员就位;(c)翻转舱体;(d)逃生出舱。

中国、美国、英国等国的民用航空生存培训大都是采用上述单臂悬吊系统开发出模块化出舱训练系统。而美国海军训练系统中心开发的浸泡训练器,由轨道和模拟飞机座舱构成。参训者可坐在座舱的座椅上,穿好肩带系统,系好腰部的安全带后,座舱被释放并滑入水中,其前端向下翻转并没入水中。能提供从淹没的直升机、运输机等各种飞机中逃生的模拟训练。与传统训练舱相比,这种训练舱训练效果更加逼真,国内相关科研和训练机构可研制类似训练模拟器开展水上自救互救训练。

7.3 水上漂浮生存

海(水)上求生中的主要困难包括溺水、暴露、晕浪、缺乏饮用水和食物、悲观与恐惧、位置不明和危险动物。因此必须有合适的装备和科学的生存方法。

7.3.1 飞行员水上救生装备

救生装备是飞行人员在迫降着水后,随身携带用于求救联络和生存的物品。它由浮游装具、联络呼救用品、医疗卫生用品和水上生存辅助用品四部分组成。

目前我国水上救生装备的发展正在朝装备科技化、一体化方向努力,并取得了一定的进展。联络呼救用品在本书第3章已有详细阐述。下面主要介绍浮游装具、医疗卫生用品和水上生存辅助用品。

(1) 浮游装具主要包括救生衣和救生筏。救生衣是指前面介绍过的气胀式救生衣,而救生筏是一种气胀式橡皮艇,分单人救生筏和多人救生筏两种,多人救生筏通常可以装载4~7人。救生筏大多是自动充气,气囊遇水充气后,在水面产生浮力。不用时,救生筏折叠、包装在帆布包里。急用时,打开帆布包,抛入水中,通过系留绳的拉拽打开气瓶,救生筏可自动充气。如果自动充气不成功,也可利用气筒手动充气。在自动充气的过程中,救生筏通常会自动将正面朝上,如果救生筏在抛放时倒扣在水面,则应抓住救生筏的一侧将其扶正。

(2) 医疗卫生用品包括防水创可贴、医用消毒湿巾、弹性绷带、医用胶带、烧伤敷料、三角巾、安全别针、无菌纱布片、乳胶止血带、高分子急救夹板、医用剪刀、医用镊子、一次性乳胶手套、急救毯等。这些物品的使用方式在第2章已有详细阐述。

(3) 水上生存辅助用品主要包括雨水收集器、淡水、海水净化器、救生口粮、鱼钩等物品。这些物品的使用技巧在第6章已详细介绍。

水上救生设备虽然比较完善,但它的救生能力是有限的。机上人员在遇难后,应尽快与救援人员取得联络,并采取自救措施,争取较长的生存时间,以等待救援。

7.3.2 水下逃生后的生存方法

7.3.2.1 没有救生筏或救生筏丢失

当直升机内没有配备救生筏,或救生筏被抛下后丢失,就只能借助气胀式救生衣长时间漂浮在水面。漂浮期间会面临低温症、生物侵袭、生存物品不易携带等问题,因此必须尽快联系到救援人员,长时间在水上(特别是海上)生存的难度较大。没有救生筏或救生筏丢失情况下的水上生存需要注意下列问题:

(1)将气胀式救生衣穿戴牢固,如在水中时间过长,气室气体不足时可用嘴吹气管补气。在前胸口袋处备有哨笛,可在紧急情况下求救使用。

(2)保持HELP或者HUDDLE姿势,如图7.10所示,避免不必要的体力消耗,如盲目游泳。

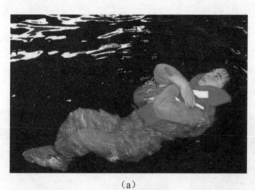

(a)　　　　　　　　　　　　(b)

图7.10　水上漂浮姿态
(a)HELP姿势;(b)HUDDLE姿势。

(3)有能力的情况下救助同伴。水性好的人员,在离岸较近、水势平缓的条件下应采取自救。如自己水性不是很好,要注意不要从其他机组成员的面前游过,避免被不会游泳的人抓住不放,耽误自救。

(4)如漂浮过程中发现救生筏、木箱、橡胶胎等大型漂浮器具,应尽快想办法接近并抓牢,可减少在水中逗留时间。

(5)大部分内陆江河及海洋地区的水温低于人体温度,若长时间浸泡在水中,必须克服低温症对人体的考验,要尽可能保持体温。通常情况下不要脱衣服,因为吸足水的衣服对人体温有一定保护作用。但应注意,这种保护作用只有在静止不动时才生效。因此,禁止不必要的移动和脱掉衣服游泳。身体热量的持续流失,会导致极度的疲倦甚至昏迷,必须设法保持清醒。坚持头脑清醒的时间越长,获救的可能性就越大。

(6)避免受到海洋生物的袭击。遇到水母、海蛇等应尽量远离或游向水流上游。如遇鲨鱼等大型食肉海洋生物,不要盲目游离,不应主动攻击;主动攻击反而增大鲨鱼攻击性,流血又会引来更多鲨鱼。可以把头埋入水中尖叫或猛击水面,给鲨鱼造成惊吓刺激,迫使其离开,或释放驱鲨剂。

7.3.2.2 登上救生筏后的操作

如果能登上救生筏,对于遇险飞行员来说会极大地增加生存获救的概率。

1) 救生筏

进行水上求生训练时,首先教会参训者正确使用漂浮器材,主要包括救生筏、救生衣等设备,组织参训者进行漂浮训练。救生衣前面已介绍过,而救生筏根据其结构、形式、设备和功能的不同,可分为单人救生筏、多人救生筏,或者充气式救生筏、固体成形救生筏,还可分为开敞救生艇、部分封闭救生艇和全封闭救生艇。目前,我国尚未大规模配备航空器专用救生艇,飞行员在海上飞行前可在机舱中装备尺寸合适的单人或多人气胀式救生筏(图 7.11 和图 7.12)。由于飞机或直升机出现故障到坠水的过程一般比较短,因此往往装备自充气式救生筏,即触水后自动在水面上充胀成形的救生筏,但使用这种救生筏要注意在入水前将其抛出,否则会妨碍飞行员出舱。

(a)

(b)

图 7.11　气胀式救生筏
(a)单人救生筏;(b)多人救生筏。

图 7.12　多人气胀式救生筏

救生筏,特别是多人救生筏内,往往附带救生器材,主要包含划桨 1 套、海锚(配锚索和收锚索)、雨水收集器、防晕船药、救生浮环、钓鱼用具以及简易的联络互救装备。

2) 在救生筏上的生存

在拥有救生筏的情况下,水上生存需要注意下列事项。

(1) 尽快利用登筏技巧登上救生筏,救生筏的攀登方法需要平时反复训练。

(2) 如前所述,救生筏一般会配备鱼钩鱼线、雨水收集器、海锚等用具。平时训练中应训练飞行员合理利用这些用具。

(3) 淡水要在遇险后24h开始合理饮用。

(4) 脱掉湿衣服或尽量干燥衣物。

(5) 有条件尽快吃晕船药,防止呕吐带来的脱水。

(6) 合理分配食物,避免过多进食。当逃生携带的食物不足时,可用鱼、海藻甚至海鸟补充。在有鲨鱼出没的海域,食物残渣最好在夜晚丢弃到海中。鲨鱼、鲸鱼等大型海洋生物一般不会主动袭击救生筏,但可能会靠近救生筏,成员不要把手脚伸到救生筏外,以防不测。

(7) 如无淡水,可从海水净化器、雨水或海洋生物体内获取。但是避免过多食用鱼肉,因为鱼虾等生物的肉含有大量蛋白质,过多食用,人体需要大量水分分解蛋白质,造成不必要的水分消耗;不能饮用海水,海水的含盐度很高,喝海水会使体内水分流失;不可饮用尿,尿在海上求生过程中因喝水少而变浓,所含毒物增加,喝后不但无法解渴,而且还会导致恶心、呕吐,甚至更加口渴。

(8) 利用所学气象、地理知识辨别陆地,等待救援。

7.3.3 水上漂浮生存训练

海(水)上求生训练的目的是使每个参训者熟悉和掌握漂流待救中的求生知识和技能;熟悉被救助时的注意事项;锻炼求生的意志,提高生存的信心,增加获救机会。如果出现紧急情况,没有漂浮器材可以利用,此时可以采取防淹术,保持漂浮并配合有节奏的呼吸,使体力消耗在最低限度,以求延长生存时间。

防淹术的训练要领如下。

(1) 休息屏住呼吸。全身放松,四肢自然下垂,头部在水中保持水平,枕部恰好露出水面,以这种姿势漂浮到需要呼吸为止。

(2) 准备呼吸。自然浮力使人体浮于水面附近,缓缓抬起手臂与肩平齐,手心向外下方,前臂收拢在一起,抬一腿至胸部,足尖前伸,然后抬另一腿,枕部及颈项露于水面。

(3) 呼气。头仍在水下,缓慢抬起手臂和腿,头从垂直方向开始抬起,用口鼻呼吸,单用口或鼻也可,呼吸应在抬头过程中完成,可以睁开眼睛。

(4) 吸气。当头部处于垂直位置,呼气已经完成时,手掌向外,手指恰好掠过水面划水,前脚掌和后脚尖向下压水,身体向上浮,口鼻露出水面,吸气。

(5) 重新还原休息。要积极开展防淹术教学,组织参训者分组下水训练,规定漂浮时间,保证每位参训者达到训练目标。

在生存救生过程中,特别是海上救生时,求生意志有时比身体更为重要,在水中保持漂浮必须设法保持清醒,不要放弃,坚持时间越长,获救的机会就越大。

为了提高飞行员水上生存漂浮的能力,在条件允许的情况下,可在选定海上或内陆湖泊的选定水域开展实地教学训练,最大限度地贴近实际遇险情况,也能最大限度地从生理到心理全面锻炼和考验飞行员的水上生存能力。

7.3.4 水上获救训练

7.3.4.1 获救途径

1）船舶救援

船舶救援时,救生筏应处于船舶下风边,施救船舶靠近时,应将救生筏的海锚收起,以免缠到大船的螺旋桨上,并将船舶投下的缆绳系在救生筏的拖缆上。

2）飞机救援

飞机虽无法直接对落水或漂流的遇险人员开展救援,但可以引导船舶驶来救援。有些搜索飞机可能还会带有内装救生物品的漂浮容器,会在搜索到救生筏后,将其投在漂流路线上,此时遇险人员可利用划桨或抛出海锚拉动锚索的办法使救生筏逐渐漂移至容器附近,以便捞出应急物品,等待进一步救援。

3）直升机救援

由直升机进行海上救援具有十分突出的优势,可将直升机悬停至遇险人员上方适当位置,然后采取绞车救援或软梯救援的方式利用施救网或救援吊带（救援环索）将遇险人员从水中捞起吊运至直升机舱内。

4）水上飞机救援

当水上飞机救援时,靠近救生筏会比较困难,所以救生筏内人员要利用自己的力量转移到水上飞机旁边,但要防止救生筏被水上飞机的螺旋桨打坏。

7.3.4.2 训练方法

飞行员在水上生存漂流一段时间后,通过联络呼救,救援队抵达飞行员所在位置开展救援。飞行员在之后的获救过程中不应被动等待救生人员的救援,在身体条件允许的情况下,应主动配合救生人员的救生行动。因此营救训练重点要集中讲解示范直升机绞车救援和软梯救援实施程序,绞车救援训练应由专业人员与参训者配合共同完成,参训人员要正确采取个人防护措施,部分参训者进行体会,其他参训者注意观摩,重点学会如何配合救援;软梯救援的实施主要是由系好安全绳的参训者独立练习爬软梯,开展训练前要强调人员严格遵守纪律,确保安全,不能疏忽大意。

飞行员登机自救与互救模拟器材由直升机绞车救援教学模拟器材、软梯(绳梯)救援教学模拟器材及抗浸防寒服组成,具备依托绞车及配套器材、软梯(绳梯)、抗浸防寒服等模拟飞行员登机救援过程中飞行员自救与互救的教学训练功能(图 7.13)。

图 7.13 直升机绞车救援教学模拟器材示意图

7.4 水下逃生训练系统

7.4.1 水下逃生训练舱

1) 舱体

水下逃生训练舱是水上自救与互救技能训练中最核心的训练设施。该设施主要由平面框架式水下逃生训练舱和立体水下逃生训练舱组成。平面框架式水下逃生训练舱主要是截取机体中的舱门部分进行仿制,整体构型为平面;而立体水下逃生训练舱则可以仿制机身的整个舱体,整体构型为立体长条形沉箱,可沿水平轴翻转180°。两种训练舱都需要放置在训练池中使用。平面框架式水下逃生训练舱适合初级的水下逃生训练,主要用于训练出舱前后的基本逃生技能。立体水下逃生训练舱适合高级水下逃生训练,可以高度还原直升机坠入水中后的机身翻转,训练飞行员在机舱翻转导致的空间定位受到干扰的情况下顺利出舱的能力(图7.14)。立体水下逃生训练舱对直升机坠水的还原度更高,训练难度更大,一般在平面框架式水下逃生训练舱的训练顺利通过后进行。

图 7.14　立体水下框架水下逃生训练舱示意图

立体水下逃生训练舱虽然可沿水平轴翻转180°,但只能以较低的恒定速度模拟简单的二维空间运动,运动模式较单一,模拟训练的实际效果有限,如图 7.15(a)所示。为了使模拟效果更加逼真并满足强度需求,有的研究机构正在开发球形立体训练舱。该设备根据现有直升机驾驶舱的结构特点,模拟驾驶舱舱门、窗口等内部结构,采用玻璃纤维材质,如图 7.15(b)所示。可设置4个舱门、4个窗口、6个座位(1个教练座位和5个参训者座位)。每个舱门和窗口对应相应型号直升机的逃生出口,使模拟器能够基本满足现有各型号直升机水下逃生的训练需求。球形训练舱可沿垂直轴和水平轴旋转360°,能够模拟任意方向的运动,且具有一定范围的加速度,可真实模拟直升机迫降坠水过程中的任意姿态,从而使训练效果更加理想,如图 7.15(c)所示。

2) 起吊装置

起吊装置主要用于悬吊立体式训练模拟器,使训练模拟器沿某个轴转动,可用于模拟直升机迫降过程。起吊装置对安全性要求极高,需要采用双保险措施,

第7章 水上自救与互救技能训练

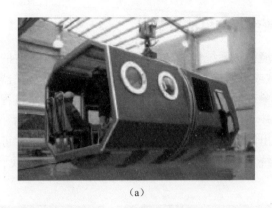

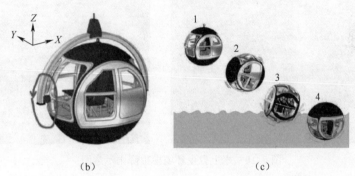

图 7.15 立体水下逃生训练舱
(a)沉箱形模拟舱;(b)球形立体训练舱;(c)各个姿态的球形立体训练舱。

并具备可靠的升降和横向移动速度。

7.4.2 信息采集系统

信息采集系统主要由训练模拟器内部的影像采集器、训练水池中的水下影像采集器、报警装置、通信装置等组成。主要用于监控和记录参训人员水下逃生训练的全过程,及时进行沟通,在遇到危险时发出警报。内部影像采集器主要用于评估分析训练效果,规范参训人员动作,完善教学手段等。水下影像采集器主要供起吊装置操作员使用,监控训练模拟器的水下状况。在观察到影响参训者逃生的事故征候时及时采取应急措施,快速起吊训练模拟器。通信装置主要用于参训者与教练之间的通话交流,以便及时对训练进行管控。报警装置主要供参训者使用,在水下训练过程中,参训者在无法完成水下逃生动作或发生其他水下事故时,可按下报警装置,保障人员及时采取措施帮助参训者脱险。

7.4.3 水上救生环境模拟系统

水上救生环境模拟系统能够高度模拟水上自救与互救时的水面环境。相对于路基飞行,水域或海域的气象环境通常更加复杂,而且航空器在水上遇险时往往伴有恶劣的气象环境,因此,为了最大程度上还原遇险全过程,提高训练水平,建立一套仿真度较高的水上救生环境模拟系统是十分必要的。水上救生环境模拟系统应能模拟出海浪、雷雨等海上环境,如图 7.16 所示,并可对相关气象等级进行调整。该系统主要由造浪模块、造雨模块、雷电光声模块、光源控制系统等部分组成。

图 7.16 水上救生环境模拟降雨示意图

第8章 飞行员高空缺氧环境训练

现代航空飞行,空域高度的跨度很大,从树梢高度到苍穹之顶不一而足。如果飞行环境是万米高空,其氧含量与地面或低空环境相比会有明显下降,这就会对飞行员生理机能功能的正常运转造成巨大挑战。因此,掌握高空缺氧的基本原理和进行高空缺氧防护的训练是飞行员生存救生训练的一项重要内容。

8.1 海拔高度与含氧量的关系

我们知道,地球周围包围着一层大气,总重量大约有5130亿t,形成大气压,每个平方承受相当于10t的压力。如以海平面为标准,这个压力相当于760mmHg(1mmHg=1.33322×10^2Pa)。大气由各种气体组成,其中78.09%的体积为氮气,20.95%的体积为氧气,剩下0.96%的体积为二氧化碳和臭氧。大气压即相当于氧分压与其他所有气体分压的总和。大气的质量越接近海平面越密集,大气压包括氧分压越大;海拔越高,大气氧及氧分压相应越低,即海拔每升高100m,大气压下降5.9mmHg,氧分压下降约1.2mmHg。

根据以上原理计算,海拔高度为0m时,氧分压为159.22mmHg,1mmHg的氧分压相当于0.13%含氧量;海拔升高100m,大气压下降5.9mmHg,氧分压下降约1.2mmHg,含氧量下降0.16%,与海拔高度为0m时的含氧量相比,下降0.76%。海拔高度变化与含氧量的关系如表8.1所列。

表8.1 海拔高度变化与含氧量的关系

海拔高度/m	空气含氧量下降/%	空气含氧量/%	0m海拔含氧量占比/%
0	0	20.9	100
100	0.16	20.79	99.2

续表

海拔高度/m	空气含氧量下降/%	空气含氧量/%	0m 海拔含氧量占比/%
1000	1.6	19.35	92.4
5000	8	12.95	61.8
10000	20.95	0	0

8.2　高空缺氧的含义

高空缺氧是指在高空因空气压力过低使氧分压过低产生的缺氧,属缺氧性缺氧。如在高空飞行中飞机增压座舱和供氧系统发生故障,飞行员直接暴露于高空低气压环境时,高空缺氧会迅速产生。人体从环境空气中吸入氧气并呼出二氧化碳。这一气体交换在肺内进行,且遵循气体弥散原则,即气体从高压处向低压处弥散。海平面高度的大气氧分压约为159mmHg,此时人体肺泡气氧分压约为105mmHg,二氧化碳分压约为40mmHg;静脉血氧分压约为45mmHg,二氧化碳分压约为42mmHg。这样的压力梯度促使氧气从肺泡弥散入肺毛细血管,二氧化碳弥散出肺毛细血管进入肺泡。大气氧分压随高度增高而下降,但肺内水蒸气分压并不随之下降,且二氧化碳不断排出,因而使肺泡气氧分压更急剧下降,动脉血氧分压随之下降。氧气进入血液后大部分与血红蛋白结合成氧合血红蛋白,随血液流经各机体组织向其供氧。动脉血氧饱和度受血液氧分压和酸碱度的影响。

8.3　高空缺氧对个体的影响

缺氧是指因组织的氧气供应不足或用氧障碍,而导致组织的代谢、功能和形态结构发生异常变化的病理过程。缺氧对人体有诸多不良影响,甚至危及生命。

呼吸系统方面,由于神经反射作用或血气的直接作用,可以使呼吸深度增加,继而呼吸频率加快,引起肺通气量增加,但这种增加是有一定限度的。超过机体代偿能力后,动脉血氧分压低于正常水平,同时由于二氧化碳积聚造成的二氧化碳分压高于正常水平,从而造成呼吸功能不全,最终导致呼吸衰竭。

循环系统方面,心率加快,心肌收缩性增强,静脉回流增加,导致心输出量增加;皮肤、腹腔内脏因交感神经兴奋,缩血管作用占优势,使血管收缩,而脑血管收缩不明显,冠脉血管在局部代谢产物的扩血管作用下血流增加,导致血液重分布;肺血管收缩导致肺动脉高压、肺内血管壁中层平滑肌肥大、增厚以及弹力纤维和胶原纤维增生使血管的管径变小、血流阻力增加。

神经系统方面,脑组织本身几乎没有一点点供能物质储备,全部依靠脑循环带来新鲜血液里面的氧气来维持生存和执行正常的生理功能。所以,脑组织对缺氧(缺血)的耐受能力最低。脑的慢性轻度缺氧即可引发困倦、注意力分散、记忆力降低等症状,随之出现意识障碍、惊厥、昏睡或昏迷,以至死亡。飞行中缺氧导致的意识丧失基本特征在不知不觉中发生,使飞行员逐渐失去对飞机和直升机的操控能力。随着飞行高度的增加,大脑皮层主导的高级神经功能受到明显影响,如记忆力立即减弱,学习和执行新的复杂智力工作的能力开始受影响;注意力分配能力明显减弱,注意稳定性降低,运动协调功能进一步恶化,可出现动作迟缓、震颤、抽搐等表现。另外,视觉对缺氧最敏感,表现为视野缩小、周边视力丧失和盲点扩大,严重影响飞行安全。

8.4 飞行员高空低压缺氧训练的基本内容

飞行员高空低压缺氧训练的基本内容有地面缺氧体验训练,地面加压呼吸训练,快速减压训练和过度换气训练等。

8.4.1 地面缺氧体验训练

地面缺氧体验训练是指借助低压舱或低氧混合仪模拟高空缺氧环境,使飞行员体验缺氧状态对生理心理和工作状态的影响,了解在缺氧环境中身体的反应和主观感受。通过体验,在日后的飞行中能准确判断自己是否发生缺氧,并采取有效措施。通过演示,飞行员了解供氧装备的作用和氧气面罩的佩戴方法,确保飞行用氧的规范性。

8.4.2 地面加压呼吸训练

当飞行员所处的海拔高度达到一定界限(一般为12000m,但目前仍有争议)时,必须进行加压供氧。加压呼吸会对呼吸系统、循环系统等造成明显影响,故有必要通过加压呼吸训练,使飞行员在地面提前体验这种影响。通过学习加压呼吸的动作要领,可以在确保氧分压达到一定要求的前提下,减少对机体的不利影响。科学、规律的训练还可提高飞行员对加压呼吸的耐力和适应性。

8.4.3 过度换气训练

过度换气是指过深过快的呼吸使肺通气量过分增大,引起肺泡气、血液和组织中排除过多二氧化碳的现象。往往发生于缺氧、不熟练地加压供氧及焦虑、紧张和恐惧情绪等情况中。二氧化碳过少还将引起血液和组织 pH 值上升,产生碱中毒,还会引起大脑小动脉收缩,使大脑供血量减少,工作能力下降,危及飞行安全。过度换气训练的目的是体验过度换气症状特点,识别其症状表现与高空缺氧的异同,掌握正确的处置方法。

8.5 飞行员高空低压缺氧训练的器材设施

8.5.1 飞行员抗荷缺氧能力检测仪

该仪器是以机载抗荷供氧装备为核心,以计算机为主体,并集电子测量等技术为一体的专用地面监测、训练设备,主要由支架、计算机、电气测量系统、罩壳、显示器、传感器、供氧装备箱、座椅及座椅架、操纵杆、脚蹬机构和电源组成。连接氧气气源和氮气气源的供氧装备箱产生的符合一定要求的气体压力信号以及由脚蹬机构产生的蹬力信号,经传感器转换成电压信号后传送至电气测量系统,再发送到计算机中处理、显示并存储。该仪器可进行抗荷加压呼吸检测和训练、代偿加压呼吸检测和训练以及低浓度氧耐力检测和训练。

8.5.2 个体防护设备

为了减轻加压呼吸对人体的影响,提高人体耐受加压呼吸的能力,飞行员需要采用特殊的个体防护装备,其中最重要的是高空代偿服。因为全压力代偿服造价昂贵、结构复杂、飞行员穿着后行动不变,一般采用部分加压代偿服。部分加压代偿服分为侧管式代偿服和囊式代偿服,在加压呼吸时仅对身体的部分部位和呼吸系统施加相应的对抗压力,以减轻对人体的影响。一般穿戴模式为保护头盔+供氧面罩+代偿服(侧管式/囊式)。

8.5.3 其他设备

为确保训练安全以及对训练数据进行记录,还需要飞行头盔、供氧面罩、心电图机、血氧饱和度仪、秒表、记录表、倒写数字表、症状调查表等。

8.6 飞行员高空低压缺氧训练的主要方法

8.6.1 地面缺氧体验训练方法

在训练前,记录飞行员的基础心率、血压和血氧饱和度,并要求其从1000开始倒写数字1min,计算正确个数,以此作为基线值。训练开始时同时计时,接通低氧混合气后,飞行员立即开始倒写数字,记录心率、血压和血氧饱和度,连续监测心电图。主要是一直密切观察飞行员的状态体征、心率、血氧饱和度和倒写数字情况,出现下述情况之一时立即终止训练,恢复吸氧:心率明显增加至基础心率一倍以上,或收缩压下降至85mmHg,或血氧饱和度低于60%;脸色苍白,神情淡漠,似乎要陷入意识模糊状态;相比训练前,倒写数字错误明显增加,字迹凌乱;飞行员示意主观反应剧烈,难以忍受,要求终止训练。

缺氧体验结束后,鼓励飞行员阐述自己在缺氧时的主观生理体验和心理体验,并将训练中的倒写数字准确性与训练前进行比较,让飞行员认识到缺氧对认知加工能力的明显影响。

注意事项:
(1) 此项训练须在专业(医学)人员指导下进行;
(2) 近一周有明显身体不适者,或呼吸系统、消化系统、心血管系统和神经系统有器质性病变者,禁止参加训练;
(3) 此项训练具有一定的危险性,必须在检测心率、血压和血氧饱和度的前提下进行,并且密切检测心电图,严格遵守需要立刻终止训练的相关规定。

8.6.2 地面加压呼吸训练方法

地面加压呼吸训练分为有代偿低值加压呼吸训练和有代偿高值加压呼吸训练。

训练前,测量飞行员的心率、呼吸节律,并检测心电图,以此作为基线值;训练中,对以上生理指标持续进行监测。

1) 有代偿低值加压呼吸训练

飞行员按照要求穿戴飞行头盔、供氧面罩和高空代偿服,借助飞行抗荷抗缺氧能力检测仪或地面加压呼吸训练器,在无体力负荷、余压值为5.88kPa的情况下,加压呼吸3min;休息5min,在余压值为7.84kPa情况下,加压呼吸1min;休息5min,在余压值为9.80kPa情况下,加压呼吸1min,随后训练终止,逐渐卸压。

体验训练结束后,鼓励飞行员阐述自己在训练过程中的主观生理体验和心理体验,强化对有代偿低值加压呼吸的认识。

2) 有代偿高值加压呼吸训练

准备步骤同上,在无体力负荷情况下,在余压值为7.84kPa情况下加压呼吸3min,休息10min后,在余压值为11.76kPa情况下加压呼吸3min,休息10min后,在余压值为15.68kPa情况下加压呼吸3min,休息10min后,在余压值为19.60kPa的情况下加压呼吸3min,随后训练终止,逐渐卸压。

体验训练结束后,鼓励飞行员阐述自己在训练过程中的主观生理体验和心理体验,强化对有代偿高值加压呼吸的认识。

在以上训练过程中,出现下列情况之一时立即终止训练,开始卸压:出现严重呼吸困难;心电图出现严重心律失常;心率突然减慢至60次/min以下;收缩压迅速降至85mmHg以下;飞行员示意主观反应剧烈,难以忍受,要求终止训练。

具体注意事项如下。

(1) 此项训练须在专业(医学)人员指导下进行。

(2) 近一周有明显身体不适者,或呼吸系统、消化系统、心血管系统和神经系统有器质性病变者,禁止参加训练。

(3) 此项训练具有一定的危险性,必须在检测心率、血压和血氧饱和度的前提下进行,并且密切检测心电图,严格遵守需要立刻终止训练的相关规定。

(4) 卸压顺序:先卸呼吸余压,再卸衣压。如卸压后症状仍没有明显好转,须马上采取相应措施进行急救处置。

8.6.3 过度换气训练方法

训练前记录呼吸、心率、血氧饱和度等生理指标,以此作为基线值。训练中,对以上生理指标持续进行监测。

通过超低频信号发生器发出频率较高的呼吸诱导信号(40次/min,潮气量为1.2L/min),同时用阻抗血流仪测量胸部阻抗呼吸波。飞行员跟踪呼吸诱导波的频率和幅度进行呼吸,从而达到较快的呼吸频率和较大的潮气量。训练时间为10min,要求飞行员体验过度换气的症状和体征。休息5min后吸入低氧混合气体体验缺氧感觉,比较两者症状的异同。训练中一旦出现不适感,立即终止训练。

具体注意事项如下。

(1) 此项训练须在专业(医学)人员指导下进行。

(2) 近一周有明显身体不适者,或呼吸系统、心血管系统、神经系统有器质性病变者,耳鼻喉有病变者,禁止参加训练。

(3) 此项训练具有一定的危险性,必须在检测心率、血压和血氧饱和度的前提下进行,并且密切检测心电图,严格遵守需要立刻终止训练的相关规定。

另外,低压舱综合训练也被西方发达国家普遍采用,它可以逼真地模拟飞行训练所需的高空环境,训练方法灵活多样,具有明显的实证训练效果,模拟气体压力的变化(如快速减压、胃肠胀气等方面)有明显的优势。而且,低压舱综合训练可以与夜间视觉训练结合起来,使飞行员体验夜航时飞行缺氧、低压环境对视力变化的明显影响,认识到夜航飞行时缺氧低压防护的必要性。需要指出的是,由于低压舱综合训练的情境过于逼真,在整个训练过程中要注意避免高空减压病的发生。

参考文献

[1] 毛成建.关于开设野外生存训练课探讨[J].当代体育科技,2017,7(13):126-128.

[2] 张凯,曹迎宾.野外生存训练在国内外的发展现状[J].现代交际,2011(3):54

[3] 王颖娟,王志俊.西安半坡博物馆研究[M].西安:三秦出版社,2003.

[4] 蒂姆·麦克韦尔奇,《户外生活》编辑组.户外生存手册:户外达人不可不知的210个狩猎和采集技巧[M].朱禹承,译.北京:人民邮电出版社,2015.

[5] 孙喜庆,肖海峰.陆军航空医学[M].西安:第四军医大学出版社,2012.

[6] 李全,等.直升机飞行员水下逃生模拟训练系统研究[J].医疗卫生装备,2013,34(12):42-44.

[7] 雷呈祥,丁江舟,司高潮,等.国外直升机飞行人员的水下逃生训练[C]//中国航空学会.中国航空学会第十五届救生学会交流文集.重庆:中国航空学会,2011:295-298.

[8] 王颉,曹新生.航空航天生理心理训练及疗养学[M].西安:第四军医大学出版社,2013.

[9] 张作明,李松林.航空航天临床医学[M].西安:第四军医大学出版社,2013.

[10] LEGG S J, GILBEY A, HILL S, et al. Effects of mild hypoxia in aviation on mood and complex cognition[J]. Applied Ergonomics,2016,53:357-363.

[11] 吴建兵.飞行人员缺氧体验训练效果观察及训练方法的探讨[D].西安:第四军医大学,2008.

[12] 陈娟,秦志峰,付丽珊,等.94名飞行员加压呼吸训练中的心电图变化分析[J].中华航空航天医学杂志,2006,17(4):249-252.

[13] 汪东军,王军,钱江南,等.高性能战斗机飞行员加压呼吸训练前后肺功能的变化[J].中华航空航天医学杂志,2017,28(2):109-110.

[14] 冯艳玲,丛智敏,顾瑛.影响飞行员航空生理训练的因素及应对措施[J].解放军护理杂志,2004,21(3):67-68.

[15] 段世英,彭新涛,孙素云.高空环境对航空飞行员的影响与健康状况分析[J].航空航天医学杂志,2016,27(7):839-841.

[16] 常耀明.航空航天医学全书,航空航天生理学[M].西安:第四军医大学出版社,2013.